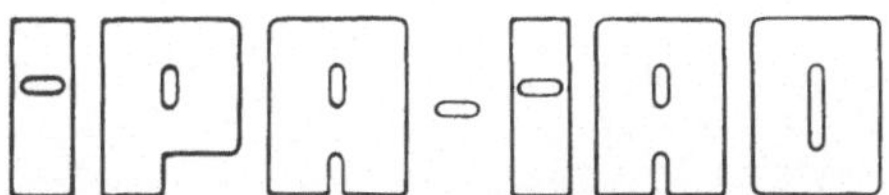

Forschung und Praxis

Band 162

Berichte aus dem
Fraunhofer-Institut für Produktionstechnik und Automatisierung (IPA), Stuttgart,
Fraunhofer-Institut für Arbeitswirtschaft und Organisation (IAO), Stuttgart,
Institut für Industrielle Fertigung und Fabrikbetrieb der Universität Stuttgart, und
Institut für Arbeitswissenschaft und Technologiemanagement, Universität Stuttgart

Herausgeber: H. J. Warnecke und H.- J. Bullinger

W. Schweizer

Entwicklung eines interaktiven Simulators auf der Basis von Petri-Netzen zur Modellierung und Bewertung hybrider Montagestrukturen

Mit 76 Abbildungen

Springer-Verlag Berlin Heidelberg GmbH 1992

Dipl.-Inform. W. Schweizer

Fraunhofer-Institut für Produktionstechnik und Automatisierung (IPA), Stuttgart

Prof. Dr.-Ing. Dr. h. c. Dr.-Ing. E. h. H. J. Warnecke

o. Professor an der Universität Stuttgart
Fraunhofer-Institut für Produktionstechnik und Automatisierung (IPA), Stuttgart

Prof. Dr.-Ing. habil. H.-J. Bullinger

o. Professor an der Universität Stuttgart
Fraunhofer-Institut für Arbeitswirtschaft und Organisation (IAO), Stuttgart

D 93

ISBN 978-3-540-55229-1 ISBN 978-3-662-07047-5 (eBook)
DOI 10.1007/978-3-662-07047-5

Gesamtherstellung: Copydruck GmbH, Heimsheim
62/3020-6543210

Geleitwort der Herausgeber

Futuristische Bilder werden heute entworfen:

- o Roboter bauen Roboter,
- o Breitbandinformationssysteme transferieren riesige Datenmengen in Sekunden um die ganze Welt.

Von der "menschenleeren Fabrik" wird da gesprochen und vom "papierlosen Büro". Wörtlich genommen muß man beides als Utopie bezeichnen, aber der Entwicklungstrend geht sicher zur "automatischen Fertigung" und zum "rechnerunterstützten Büro". Forschung bedarf der Perspektive, Forschung benötigt aber auch die Rückkopplung zur Praxis - insbesondere im Bereich der Produktionstechnik und der Arbeitswissenschaft.

Für eine Industriegesellschaft hat die Produktionstechnik eine Schlüsselstellung. Mechanisierung und Automatisierung haben es uns in den letzten Jahren erlaubt, die Produktivität unserer Wirtschaft ständig zu verbessern. In der Vergangenheit stand dabei die Leistungssteigerung einzelner Maschinen und Verfahren im Vordergrund. Heute wissen wir, daß wir das Zusammenspiel der verschiedenen Unternehmensbereiche stärker beachten müssen. In der Fertigung selbst konzipieren wir flexible Fertigungssysteme, die viele verkettete Einzelmaschinen beinhalten. Dort, wo es Produkt und Produktionsprogramm zulassen, denken wir intensiv über die Verknüpfung von Konstruktion, Arbeitsvorbereitung, Fertigung und Qualitätskontrolle nach. Rechnerunterstützte Informationssysteme helfen dabei und sollen zum CIM (Computer Integrated Manufacturing) führen und CAD (Computer Aided Design) und CAM (Computer Aided Manufacturing) vereinen. Auch die Büroarbeit wird neu durchdacht und mit Hilfe vernetzter Computersysteme teilweise automatisiert und mit den anderen Unternehmensfunktionen verbunden. Information ist zu einem Produktionsfaktor geworden, und die Art und Weise, wie man damit umgeht, wird mit über den Unternehmenserfolg entscheiden.

Der Erfolg in unseren Unternehmen hängt auch in der Zukunft entscheidend von den dort arbeitenden Menschen ab. Rationalisierung und Automatisierung müssen deshalb im Zusammenhang mit Fragen der Arbeitsgestaltung betrieben werden, unter Berücksichtigung der Bedürfnisse der Mitarbeiter und unter Beachtung der erforderlichen Qualifikationen. Investitionen in Maschinen und Anlagen müssen deshalb in der Produktion wie im Büro durch Investitionen in die Qualifikation der Mitarbeiter begleitet werden. Bereits im Planungsstadium müssen Technik, Organisation und Soziales integrativ betrachtet und mit gleichrangigen Gestaltungszielen belegt werden.

Von wissenschaftlicher Seite muß dieses Bemühen durch die Entwicklung von Methoden und Vorgehensweisen zur systematischen Analyse und Verbesserung des Systems Produktionsbetrieb einschließlich der erforderlichen Dienstleistungsfunktionen unterstützt werden. Die Ingenieure sind hier gefordert, in enger Zusammenarbeit mit anderen Disziplinen, z. B. der Informatik, der Wirtschaftswissenschaften und der Arbeitswissenschaft, Lösungen zu erarbeiten, die den veränderten Randbedingungen Rechnung tragen.

Beispielhaft sei hier an den großen Bereich der Informationsverarbeitung im Betrieb erinnert, der von der Angebotserstellung über Konstruktion und Arbeitsvorbereitung, bis hin zur Fertigungssteuerung und Qualitätskontrolle reicht. Beim Materialfluß geht es um die richtige Auswahl und den Einsatz von Fördermitteln sowie Anordnung und Ausstattung von Lagern. Große Aufmerksamkeit wird in nächster Zukunft auch der weiteren Automatisierung der Handhabung von Werkstücken und Werkzeugen sowie der Montage von Produkten geschenkt werden.

Von der Forschung muß in diesem Zusammenhang ein Beitrag zum Einsatz fortschrittlicher intelligenter Computersysteme erfolgen. Planungsprozesse müssen durch Softwaresysteme unterstützt und Arbeitsbedingungen wissenschaftlich analysiert und neu gestaltet werden.

Die von den Herausgebern geleiteten Institute, das

- Institut für Industrielle Fertigung und Fabrikbetrieb der Universität Stuttgart (IFF),

- Fraunhofer-Institut für Produktionstechnik und Automatisierung (IPA),

- Fraunhofer-Institut für Arbeitswirtschaft und Organisation (IAO)

arbeiten in grundlegender und angewandter Forschung intensiv an den oben aufgezeigten Entwicklungen mit. Die Ausstattung der Labors und die Qualifikation der Mitarbeiter haben bereits in der Vergangenheit zu Forschungsergebnissen geführt, die für die Praxis von großem Wert waren. Zur Umsetzung gewonnener Erkenntnisse wird die Schriftenreihe "IPA-IAO - Forschung und Praxis" herausgegeben. Der vorliegende Band setzt diese Reihe fort. Eine Übersicht über bisher erschienene Titel wird am Schluß dieses Buches gegeben.

Dem Verfasser sei für die geleistete Arbeit gedankt, dem Springer-Verlag für die Aufnahme dieser Schriftenreihe in seine Angebotspalette und der Druckerei für saubere und zügige Ausführung. Möge das Buch von der Fachwelt gut aufgenommen werden.

H. J. Warnecke · H.-J. Bullinger

Vorwort

Die vorliegende Arbeit entstand während meiner Tätigkeit als wissenschaftlicher Mitarbeiter am Institut für Industrielle Fertigung und Fabrikbetrieb der Universität Stuttgart (IFF) und am Fraunhofer–Institut für Arbeitswirtschaft und Organisation (IAO).

Herrn Prof. Dr.–Ing. habil. H.–J. Bullinger, Leiter des Instituts für Arbeitswissenschaft und Technologiemanagement (IAT) der Universität Stuttgart und des Fraunhofer–Instituts für Arbeitswirtschaft und Organisation (IAO), gilt für die wissenschaftliche Unterstützung und wohlwollende Förderung dieser Arbeit mein herzlicher Dank.

Herrn Prof. Dr.–Ing. G. Zülch, Leiter des Instituts für Arbeitswissenschaft und Betriebsorganisation der Universität Karlsruhe, danke ich für die anregenden Diskussionen, die eingehende Durchsicht der Arbeit und die sich daraus ergebenden konstruktiven Hinweise.

Meinen Kollegen am Institut sei Dank für die kritischen Hinweise und stete Diskussionsbereitschaft. Ein besonderer Dank gilt Herrn Dipl.–Ing. P. Rally für die freundschaftliche Unterstützung bei der Implementierung und dem Test des Simulators sowie für die Erörterung vieler Details der Arbeit. Herrn Dr.–Ing. Dipl.–Wirtsch.–Ing. H. Nespeta danke ich für die kritische und wissenschaftlich fundierte Durchsicht der Arbeit.

Darüber hinaus sei all jenen gedankt, die an der Erstellung des Manuskriptes und der Schaubilder beteiligt waren. Besonderer Dank gilt hierbei Frau M. Röbig, Frau S. Schittenhelm, Frau A. Winter, Herrn U. Hofmann und Herrn Dipl. Kfm. H.–A. Schick.

Ich möchte es an dieser Stelle auch nicht versäumen, meiner lieben Frau Ute zu danken, die mit großer Geduld die Belastungen eines Promotionsverfahrens auf sich nahm. Manches Wochenende und manche Abendstunde mußte Sie auf mich warten. Ihr Verständnis und ihre Unterstützung waren für mich unabdingbare Voraussetzung für das Gelingen der Arbeit.

Stuttgart, im November 1990 Wolfgang Schweizer

Inhaltsverzeichnis

Seite

0 Verzeichnis verwendeter Größen, Einheiten und Abkürzungen

0.1 Allgemeine Abkürzungen

CAD	Computer Aided Design
EDV	Elektronische Datenverarbeitung
EHB	Einschienen–Hängebahn
FFS	Flexibles Fertigungssystem
FTS	Fahrerloses Transportsystem
UIS	User Interface System (Grafiksoftware)
VMS	Virtual Memory System (Betriebssystemsoftware)

0.2 Formelzeichen

EX	Exogenfaktor
EFi	i–ter Einflußfaktor
i	Laufvariable
n	Anzahl von Faktoren
Σ	Summe

0.3 Bezeichnungen im Zusammenhang mit Petri–Netzen

s	Stelle
t	Transition
sn	Stelle mit Nummer n ($n \in \mathbb{N}$)
tn	Transition mit Nummer n ($n \in \mathbb{N}$)
bn	Stelle mit Nummer n ($n \in \mathbb{N}$), die eine Bedingung repräsentiert
sm	Meta–Stelle
sv, sl, se	Stellen in zeitbehafteten Vorgängen
ts, te	Transitionen in zeitbehafteten Vorgängen
h	Hilfsstelle

0.4 Bezeichnungen im Zusammenhang mit der Darstellung des Funktionsmodells

0.4.1 Bezeichnungen von Konnektoren

Ee	Konnektor zur Ereignisverwaltung (Ereignis eingetreten)
Ev	Konnektor zur Ereignisverwaltung (Ereignis vormerken)
Ea	Konnektor zur Ereignisverwaltung (Ereignis aussetzen)

Ef	Konnektor zur Ereignisverwaltung (Ereignis fortführen)
Af	Konnektor zu einem Mitarbeiter (Arbeit fehlt)
Av	Konnektor zu einem Mitarbeiter (Arbeit vorhanden)
T1–T4	Konnektor zu einem Transportmittel
B1, B2	Konnektor zu einem Transportbehälter
V1–V8	Konnektor zu einem Verkettungselement

0.4.2 Bezeichnungen von Meta–Stellen

gs	gehen starten
ag	abgehen
ab	Arbeitsbeginn
ae	Arbeitsende
hs	holen starten
bs	bringen starten
ms	montieren starten
rs	rüsten starten
st	Störung
hi	hinstellen
ah	abholen
as	abstellen starten
an	aufnehmen starten
fs	fahren starten

0.4.3 Sonstige Bezeichnungen im Funktionsmodell

Forts.	Fortsetzen
U.Bre.	Unterbrechen
Ap	Arbeitsplatz
La	Lager
Ma	Mitarbeiter
Pu	Puffer
Tb	Transportbehälter
Tm	Transportmittel
Ts	Transportstrecke
Vk	Verkettung

Bezeichnungen von Transitionen (aktive Komponenten) beginnen mit Großbuchstaben (z.B. "Hinstellen" in Sinne einer Aktion).

Bezeichnungen von Zuständen (passive Komponenten) werden klein geschrieben (z.B. "montieren" im Sinne eines laufenden Vorgangs).

1 Einleitung

Nahezu alle Industrieunternehmen stehen einem geänderten Käuferverhalten und einer zunehmend härteren nationalen und internationalen Konkurrenz gegenüber. Dies führt zu einer ständig steigenden Typenvielfalt, kürzeren Lieferzeiten und damit zu kleinen Losgrößen bei gleichzeitig verstärktem Preisdruck.

Vor allem von der Montage als letzte Stufe des Produktionsprozesses fordert diese Entwicklung eine ständig steigende Flexibilität bei gleichzeitig zunehmendem Kostendruck. Durch Einführung flexibel automatisierter Betriebsmittel versuchen Betriebe mit überwiegend manuellen Montagen, ihre Produktivität, und Betriebe mit vorwiegend starrer Montageautomatisierung, ihre Flexibilität zu erhöhen.

Gerade im Rahmen der Planung flexibler Montageautomatisierung gewinnt damit die Arbeitsstrukturierung als Rationalisierungsansatz an Bedeutung, da viele Montageabläufe nicht in vollem Umfang wirtschaftlich automatisierbar sind und durch den Einsatz neuer Technologien neue Arbeitsaufgaben vor allem in den indirekten Bereichen der Montage anfallen /1/.

Typische Montagestrukturen, die dieser Entwicklung Rechnung tragen, stellen sog. hybride (teilautomatisierte) Montagesysteme dar. Bei der Planung solcher Systeme ist über die technische Auslegung hinaus auch das dynamische Verhalten zu analysieren und zu berücksichtigen. Dies gilt insbesondere für die Untersuchung der Flexibilität von hybriden Montagesystemen, da hier vielfältige und komplexe Systemabläufe nachvollzogen werden müssen, um geeignete Steuerstrategien zum Betreiben des Montagesystems mitplanen zu können /2/.

In der vorliegenden Arbeit wird ein Simulationsinstrument beschrieben, mit dem hybride Montagestrukturen als rechnerinternes Modell abgebildet, simuliert und hinsichtlich ihres Systemverhaltens bewertet werden können. Mit diesem Instrument soll die Möglichkeit eröffnet werden, technische Restiktionen bereits in der Planungsphase zu minimieren und die dadurch entstehenden organisatorischen Freiräume planerisch bewußt zu nutzen /3/. Dies bedeutet, daß Mensch und Technik gleichrangig und gleichzeitig beachtet und berücksichtigt werden müssen und daß der Planer die Möglichkeit erhält, seine Erfahrungen und Kenntnisse einzubringen.

Mit dem Instrument soll damit ein Beitrag geleistet werden, das Hilfsmittel Simulation der Planung und Auslegung von hybriden Montagesystemen wirkungsvoll und effektiv einsetzen zu können. Um dieses Ziel zu erreichen, werden erstmals Petri–Netze zur Konzeption eines leistungsfähigen und anwenderfreundlichen Simulators eingesetzt. Aus Sicht des Planers verbergen sich diese Netze jedoch unter einer objektorientierten grafischen Oberfläche.

2 Problemstellung

2.1 Begriffsbestimmung

Im folgenden wird eine Übersicht über Begriffe gegeben, die für das weitere Verständnis dieser Arbeit von grundlegender Bedeutung sind. Weitere Begriffsbestimmungen erfolgen in späteren Abschnitten bei ihrer erstmaligen Verwendung.

2.1.1 Zum Begriff "hybride Montagestruktur"

Arbeitssysteme werden als Montagesysteme bezeichnet, wenn deren wesentliche Arbeitsaufgabe darin besteht, Einzelteile zu Baugruppen (Vormontagen) oder Einzelteile und Baugruppen zu Endprodukten (Endmontagen) zusammenzubauen. Zur Erfüllung dieser Aufgabe wirken Mensch und Arbeitsmittel als Elemente des Montagesystems in einer gemeinsamen Arbeitsumgebung zusammen /4/.

Als **hybride** Montagesysteme werden Montagesysteme definiert, bei denen sowohl der Mensch als auch die Arbeits- und Betriebsmittel unverzichtbar zur Erfüllung der Montageaufgabe sind. Da hybride Montagen sowohl durch "Handarbeit" als auch durch Maschinenarbeit in Form von "Mechanisierung" und "Automatisierung" gekennzeichnet sein können, ist die Abgrenzung zu personalintensiven Montagesystemen auf der einen und automatisierten Montagesystemen auf der anderen Seite fließend.

Eine zentrale Rolle bei der Beschreibung der Eigenschaften einer **Montagestruktur** nimmt der im Montagesystem vorgesehene Montageablauf ein. Vor allem bei starren Montagelinien ist die Abfolge der einzelnen Arbeitsgänge fest vorgegeben. Im Gegensatz zu flexiblen Montagestrukturen kann bei Ausfall einer Arbeitsstation nicht auf andere Stationen ausgewichen werden. Eine weitere wichtige Struktureigenschaft ist die kausale und zeitliche Entkopplung von Arbeits- und Montageprozeß. Sie kann durch technische Maßnahmen wie Puffer oder organisatorisch-technische Maßnahmen wie integrierte Vormontagen aber auch durch rein organisatorische Maßnahmen erreicht werden. So schafft z.B. eine Funktionsbündelung am Arbeitsplatz beim Einsatz qualifizierter Arbeitskräfte durch Übernahme von Tätigkeiten wie Instandsetzen, Rüsten oder Materialbereitstellen organisatorische Flexibilität und verbessert die Systemnutzung, -verfügbarkeit und -autonomie /5/.

2.1.2 Zum Begriff "interaktive Simulation"

Simulation ist eine im Hinblick auf die Problemstellung gleichwertige Nachahmung eines realen oder geplanten Systems durch ein Ersatzsystem (Modell) mit dem Ziel, das Verhalten dieses Systems zu untersuchen /6/. Unter Simulation soll also das Arbeiten und Experimentieren mit Modellen statt mit realen Systemen verstanden werden. Des weiteren wird von einer Computersimulation gesprochen, wenn das Modell in Form von Daten und Algorithmen für ein EDV– Programm vorliegt /7/. Im folgenden bezeichnet der Begriff Simulation immer eine Computersimulation. Unter einem Simulator soll das auf einem Computer ausführbare Simulationsprogramm verstanden werden.

In einer **interaktiven** Simulation soll dem Benutzer die Möglichkeit gegeben werden, Eingriffe in das Simulationsexperiment selbst vorzunehmen (Bild 1) /8/. Die wesentlichen Eingriffe sind Entscheidungen, die sich auf das Veranlassen, Überwachen und Sichern der Aufgabendurchführung des Modells während der Simulation beziehen (vgl. Definition des Begriffs "Steuerung" in /6/). Nicht gemeint sind hier Komponenten zur Dateneingabe, –ausgabe und –pflege wie interaktive Modelleditoren, Statistikmodule oder Animationen zur Darstellung der Simulationsergebnisse. Die Ergebnisse eines interaktiv ausgeführten Simulationsexperiments sind damit nicht nur von dem zugrunde gelegten Modell, sondern auch von der Handlungsweise des Benutzers abhängig.

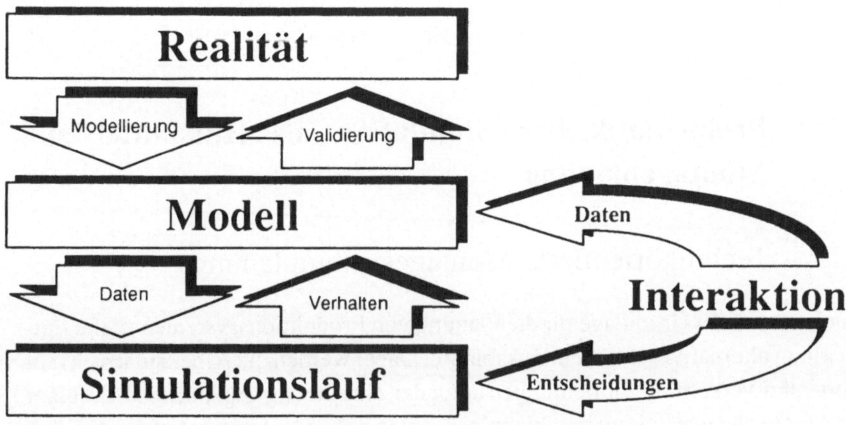

Bild 1: Das Verfahren "Interaktive Simulation"

Der Benutzer erkennt durch die Auswirkungen, die sich aus seiner Handlungsweise ergeben, in welchen Situationen welche Maßnahmen und Entscheidungen zielführend sind /9/. Diesem dadurch ermöglichten Probehandeln (action probing) kommt eine fundamentale Bedeutung im menschlichen Problemlösungsverhalten zu. Aus psychologischer Sicht führt Ueckert dazu aus, daß *"neue geistige Fähigkeiten durch den Gebrauch von hochentwickelten dynamisch interaktiven Simulationssystemen (DIS) erschlossen werden können"* /10, S. 109/.

Ein einzelnes Simulationsexperiment wird im folgenden als Simulationslauf bezeichnet, der aufgrund eines festgelegten Simulationsmodells und konkreten interaktiven Entscheidungen des Benutzers durchgeführt wird. Mit einem Modell können mehrere Simulationsläufe durchgeführt werden, die abhängig von den jeweiligen Entscheidungen zu unterschiedlichem Verhalten des Modells und damit zu unterschiedlichen Ergebnissen führen können.

2.1.3 Zum Begriff "Petri–Netze"

Die nach ihrem Erfinder, Carl Adam Petri, benannten Netze /11/ sind ein formales Sprachmittel, das besonders geeignet ist, simultan und parallel ablaufende Prozesse zu beschreiben. Obwohl mit Hilfe von Erweiterungen in beschränktem Umfang auch Informationsflüsse modelliert werden können, liegt das Haupteinsatzgebiet bei der Darstellung und Überprüfung der Abläufe in Systemen (Kontrollfluß) mit nebenläufigen Vorgängen. Bei Systemen oder Teilsystemen, die einen eher sequentiellen Charakter des Kontrollflusses aufweisen, ist der Einsatz von Petri–Netzen beim Systementwurf kaum sinnvoll /vgl. 12, S. 90/. Elemente und Funktionsweise von Petri–Netzen sind in Kap. 3.5.1 kurz beschrieben.

2.2 Problematik der Simulation als Hilfsmittel zur Montageplanung

2.2.1 Technikorientierte Montagesystemplanung

Eine wesentliche Grundlage für die Planung von Produktionssystemen ist die Entwicklung alternativer Bearbeitungsabläufe. Dabei werden die Arbeitsplätze, Transport– und Verkettungseinrichtungen unter der Zielsetzung geplant, den Durchlauf der Arbeitsgegenstände zu beschleunigen, einen hohen Nutzungsgrad der Arbeitsmittel zu erreichen und die Arbeitsteilung optimal anzuwenden /13, S. 207–227/.

Die Ergebnisse solcher Planungen sind häufig Arbeitssysteme mit starr vorgegebenen Abläufen, deren Prozeßorganisation, d.h. die zeitliche und räumliche Abfolge technischer Prozesse, mit Akribie bis ins feinste ausgearbeitet wird. Die Arbeitsorganisation, d.h. die zeitliche und räumliche Abfolge von Tätigkeiten, wird dabei auf die eindeutige Zuordnung von Mensch zum Arbeitsmittel beschränkt (Bild 2) /14/. Tätigkeiten des indirekten Bereichs wie Bereitstellen von Material und Werkzeugen werden häufig nicht in die Planung einbezogen.

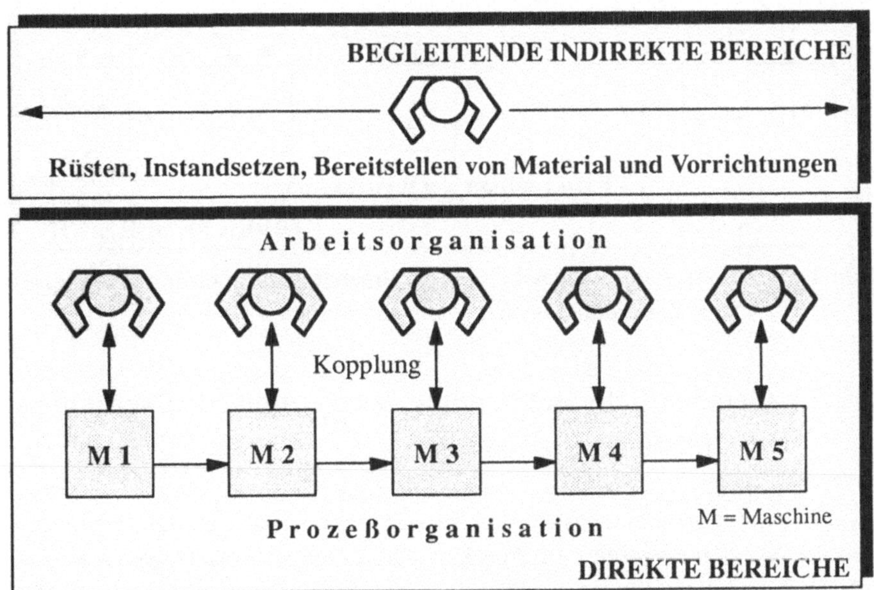

Bild 2: Traditionelle Betrachtung von Arbeits– und Prozeßorganisation

Diese Entwicklungen im technologischen Bereich haben u.a. bereits zu der Erkenntnis geführt, daß die Technik sowie die Arbeits– und Prozeßorganisation unter Einbeziehung der produktionsbegleitenden indirekten Bereiche integriert geplant werden müssen (Bild 3) /15/. Das seitherige Denken in Organisationsformen mit zentralisierten Aufgaben und vertikaler Aufgabenteilung kann in vielen Fällen abgelöst werden durch Integration aller Funktionen, die zum Durchführen einer Montageaufgabe notwendig sind, in einer Arbeitsgruppe. Alle anfallenden Arbeiten werden dann von einem Team erledigt.

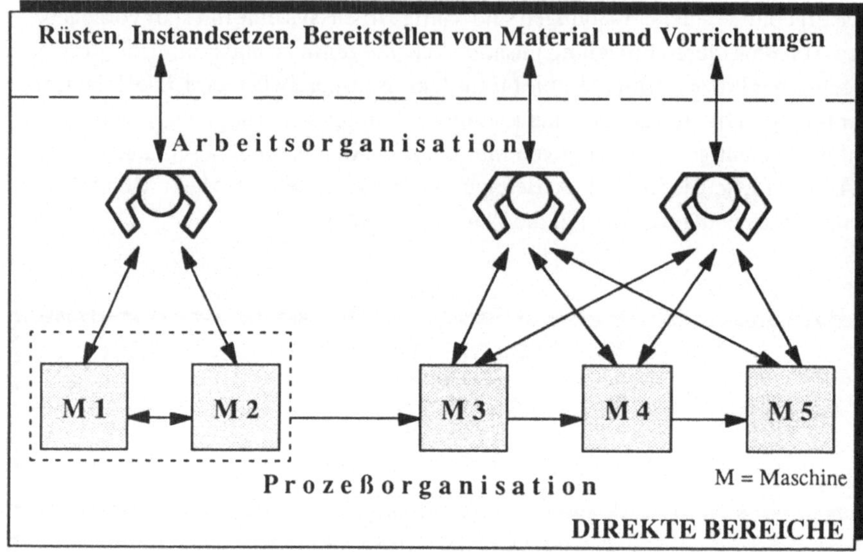

Bild 3: Betrachtung von Arbeits– und Prozeßorganisation unter Einbeziehung der produktionsbegleitenden indirekten Bereiche

2.2.2 Ganzheitliche Betrachtung des dynamischen Verhaltens von Planungsalternativen

Die Konzeption von Planungsalternativen wird in bereichsübergreifender Teamarbeit /16, S. 19/ durchgeführt. Im Anschluß daran stellt sich das Problem des Vergleichs und der Bewertung der vorliegenden Planungsalternativen. Eine der grundlegenden Prämissen ist dabei die ganzheitliche Berücksichtigung von Daten und Anforderungen aller durch die Planung betroffenen Bereiche. Um eine begründete Auswahlentscheidung treffen zu können, wird häufig neben einer Wirtschaftlichkeitsbetrachtung eine Nutzwert– oder Arbeitssystemwertanalyse durchgeführt. Zur Anwendung beider Verfahren kann jedoch üblicherweise nur auf statisch ermittelte oder geschätzte Daten zurückgegriffen werden.

Für diese Situation wurde deshalb schon früh die Notwendigkeit erkannt, die Entscheidungsgrundlagen dadurch zu objektivieren, daß man mit Hilfe einer Simulationsstudie das dynamische Verhalten der angedachten Planungsalternativen untersuchen und vergleichen kann. Dabei können potentielle Schwachstellen rechtzeitig aufgedeckt und noch in der Planungsphase beseitigt werden. Die Vielfalt der möglichen Planungsalternativen verlangt vom Simulator eine enorme Einsatzbreite, um die Auswirkungen (konkurrierender oder harmonierender) technischer, organisatorischer und personeller Ausprägungen und Maßnahmen abbilden und simulieren zu können.

2.2.3 Durchführung von Simulationsstudien

Simulationsstudien werden in vielen Fällen von Experten durchgeführt, die Hard– und Softwarekenntnisse aufweisen und Erfahrungen im Umgang mit höheren Simulationssprachen oder Simulationssystemen besitzen /17, S. 34–36/. Oft beschäftigen große Unternehmen oder Ausrüsterfirmen /18/ in ihren Planungsstäben bereits spezielle Simulationsexperten. Es steigt aber auch die Zahl der Beratungsunternehmen, die im Auftrag Simulationsstudien durchführen.

Im durch den Simulationsexperten erweiterten Planungsteam ist eine intensive Kommunikation dieser Personengruppen untereinander trotz oft unterschiedlicher Terminologie unerläßlich /19/. Der Simulationsexperte muß vom Planungsteam im jeweiligen Planungsvorhaben mit exakten Informationen über Aufbau und Funktion des zu simulierenden Produktionssystems versorgt werden.

Die zentrale Rolle bei der Kommunikation nimmt dabei der Aufbau, die Funktionsweise und der Einsatzbereich des eingesetzten Simulationsinstruments ein. Bis auf wenige Ausnahmen setzt der Einsatz eines Simulators EDV–, in einigen Fällen sogar Programmierkenntnisse voraus. Dadurch wird die für eine reibungslose Kommunikation erforderliche Genauigkeit der Modellbeschreibung auf ein Abstraktionsniveau gedrückt, auf dem sich eigentlich nur die Simulationsexperten bewegen können /20/. Die Planer, Betreiber und Ausrüster sind kaum in der Lage, die Zusammenhänge von Modellierung und Simulationsergebnis zu verstehen. Der eingesetzte Simulator muß also die EDV– technische Realisierung unter einer problemorientierten Benutzeroberfläche verbergen.

Zusammengefaßt läßt sich die Problematik der Simulation von Produktionssystemen folgendermaßen charakterisieren /21, S. 91/: "*Je komfortabler und einfacher die Bedieneroberfläche, um so eingeschränkter und spezieller ist das Einsatzgebiet; je größer und flexibler der Anwendungsrahmen, um so mehr zeitlicher und fachlicher Aufwand ist zur Durchführung einer Simulationsstudie notwendig*". Dennoch gilt die Computer–Simulation nach einer Studie /22/ als Schlüsseltechnologie für die nächsten 5 bis 20 Jahre. Ab 1995 rechnet man mit jährlichen Steigerungsraten von 20 bis 25 % bezogen auf den Beratungsumsatz.

2.3 Vorhandene Arbeiten zum Problemkreis

2.3.1 Anwendungsmöglichkeiten der Simulation als Hilfsmittel zur Planung von Produktionsstrukturen

Die Modellierung und Simulation technologischer Systeme, speziell von Produktionssystemen, hat in den letzten Jahren einen immer breiteren Raum eingenommen. Entsprechend ist die Zahl der angebotenen Simulationswerkzeuge angestiegen.

Die derzeitigen Anwendungsgebiete der Simulation in der Produktionsplanung umfassen beispielsweise:

- o die Projektierung und Planung neuer Produktionssysteme
- o die Rationalisierung bestehender Produktionssysteme
- o den Test der Steuerung von Produktionssystemen
- o das Erkennen von Gesetzmäßigkeiten
- o die Anbindung der Simulation an die Fertigungssteuerung

Die Anwendung der Simulation bietet generell die Möglichkeit

- o einer dynamischen Betrachtung des Produktionssystems bereits im Planungsstadium,
- o einer zuverlässigeren Abschätzung der Wirtschaftlichkeit aufgrund der zusätzlich gewonnenen Simulationsergebnisse und
- o einer Beurteilung der Leistungsfähigkeit (z.B. das Erreichen der geforderten Stückzahl) des geplanten Produktionssystems.

2.3.2 Klassifizierung von Simulationswerkzeugen

Im folgenden wird zunächst eine generelle Klassifizierung von Simulationswerkzeugen vorgenommen. Anschließend wird auf die spezifischen Vor– und Nachteile der einzelnen Klassen von Werkzeugen eingegangen.

Simulationswerkzeuge können prinzipiell in 5 Klassen eingeteilt werden /vgl. 17, S. 19–22/. Das wesentliche Kriterium ist dabei die Art der Unterstützung, die das Simulationswerkzeug bei der Modellerstellung bietet. Die Klassen reichen von höheren Programmiersprachen über Simulationssprachen und Preprozessoren bis hin zu "Baustein– bzw. Komponentensystemen", die hier als Simulationssysteme bezeichnet werden. Als weitere Klasse sind Spezialsimulatoren zu nennen. In Bild 4 wurden die unterschiedlichen Arten von Simulationswerkzeugen gegenübergestellt und durch simulationsspezifische Kennzeichen beschrieben.

simulations–spezifische Kennzeichen	Art des Simulationswerkzeugs				
	Pro–grammier–sprache	Simulations–sprache	Pre–prozessor	Simulations–system	Spezial–simulator
Ziel der Simulation	frei wählbar		in gewissen Grenzen wählbar		vorgegeben
Terminologie / Sprachschatz	EDV–bezogen	simulations–bezogen	anwendungs–bezogen		sehr speziell
Anwendungs–gebiet	universell	Simulationen aller Art	speziell [1]		vorgegeben
EDV–kenntnisse	erforderlich		in gewissem Maß erforderlich		nicht erforderlich
Programmier–kenntnisse	erforderlich		in der Regel nicht erforderlich		nicht erforderlich
Aufwand zur Modellerstellung	sehr hoch	hoch	gering		sehr gering
Form, in der das Modell vorliegt	Program–miersprache	Simulations–sprache		Daten	
Aktion zum Start des Modells	Programm übersetzen	übersetzen (mehrstufig)		unmittelbar möglich	meist sofort
Komponenten des Simulationswerkzeugs:					
Modelleditor [2]	—	—	●	●	● [3]
Ergebnislisten	●	●	●	●	●
Ereignisprotokoll	◒	◒	◒	●	○
Ergebnisdiagramme	○	○	◒	◒	◒
Animation [2]	○	○	○	◒	○

1 wird in Kapitel 2.3.3 erläutert
2 wird in Kapitel 2.3.4 erläutert
3 Modell wird häufig automatisch erzeugt

● muß vorhanden sein
◒ meist vorhanden
○ meist nicht vorhanden
— nicht vorhanden

Bild 4: Klassifizierung von Simulationswerkzeugen

Mit Hilfe aller gängigen Programmiersprachen können für konkrete Planungsfälle Spezialsimulationen durchgeführt werden, indem ein speziell auf das Planungsproblem zugeschnittenes EDV– Programm entwickelt, programmiert und im konkreten Fall eingesetzt wird.

Um den Aufwand zur Erstellung der Simulationsprogramme zu reduzieren, wurden Simulationssprachen entwickelt, die dem Anwender simulationsorientierte Sprachelemente oder Unterprogramme zur Verfügung stellen (eine Übersicht findet sich in /23/). Es muß jedoch nach wie vor ein EDV– Programm für jeden Anwendungsfall erstellt werden /7, S. 103/. Der Vorteil der Simulationssprachen liegt darin, daß fast jedes Produktionssystem unabhängig von der Komplexität des Materialflusses und der Steuerlogik modelliert werden kann /24/. Als Nachteil wird angeführt, daß für die Anwendung Programmierkenntnisse erforderlich sind und daß die Entwicklung und der Test des Simulationsprogramms viel Zeit in Anspruch nehmen.

So wird beispielsweise als eine wesentliche Erfahrung bei der Anwendung der Simulationssprache GPSS im Rahmen der Planung eines flexiblen Montagesystems von Schlüter /25, S. 350/ *"festgehalten, daß ein erfahrener Simulationstechniker benötigt wird, der gemeinsam mit den Planern und Betreibern ein Team bildet"*. Ebeling u.a. /26, S. 144/ nennen als Grund für die Benutzung der Programmiersprache FORTRAN bei der Simulation eines flexiblen Fertigungssystems unter anderem, daß *" die Firma die Ergebnisse der Simulationsstudie so früh wie möglich nutzen wolle"*. Dies könnte die Hypothese untermauern, daß in vielen Planungsvorhaben einerseits die erforderliche Zeit für die Einarbeitung eines Simulationsexperten und die Auswahl eines geeigneten Werkzeugs nicht zur Verfügung steht, andererseits aber die Notwendigkeit der Durchführung von Simulationen erkannt wird.

Eine Verbesserung der Anwenderfreundlichkeit bieten grafisch gestützte Simulationssprachen /27/. Der Benutzer benötigt dabei zwar weder Programmierkenntnisse noch Kenntnisse einer konventionellen Simulationssprache, der hohe Abstraktionsgrad der Simulationssprachen bleibt wegen des fehlenden Anwendungsbezugs jedoch erhalten.

Um den Aufwand zur Implementierung eines Simulators zu reduzieren, werden Preprozessoren, teilweise auch Programmgeneratoren genannt, eingesetzt /28, 29, 30, 31, 32/. Mit ihrer Hilfe wird aus vorgegebenen Bausteinen "automatisch" ein Programm in einer höheren Programmier– und/oder Simulationssprache generiert, übersetzt und ausgeführt. Programmierkenntnisse sind für die Anwendung eines Preprozessors im Prinzip nicht mehr nötig. Bei diesem Ansatz ist jedoch zu bemerken, daß die Übersetzung des automatisch erstellten Programms oft sehr viel Rechenzeit in Anspruch nimmt. Ein interaktives Arbeiten in allen Phasen einer Simulationsstudie ist mit komplexen Preprozessoren damit nicht möglich.

Simulationssysteme erfordern für die Anwendung im konkreten Planungsfall im allgemeinen keine Programmierkenntnisse und weniger Zeit /33/. Sie sind jedoch nicht für alle Bereiche der Produktion gleich gut geeignet /24, 34/. Simulationssysteme verwenden die anwendungsbezogene Terminologie der Planer und Betreiber. Es wird beispielsweise nicht von "Events", "Queues", "Quellen" oder "Senken", sondern von "Transportern", "Stationen", "Überschiebern" oder "Werkern" gesprochen. Die *"Dolmetscherhilfe"* /35, S. 414/ des Simulationsexperten muß nicht mehr in Anspruch genommen werden.

Eine weitere Verbesserung der Anwendungsunterstützung bieten Spezialsimulatoren, die zur Lösung spezifischer Aufgaben bei der Produktionsplanung entwickelt werden /36/. Dem Anwendungsgebiet eines Spezialsimulators sind damit von den Modellierungsmöglichkeiten enge Grenzen gesetzt. Dafür wird dem Benutzer meist eine "maßgeschneiderte" Anwendungsumgebung zur Verfügung gestellt. Typische Anwender von Spezialsimulatoren sind beispielsweise Anlagenhersteller, die auf ihre Produkte abgestimmte Simulatoren zur Auslegung und Kalkulation von Anlagen einsetzen /37/.

Beispiele für Spezialsimulatoren, die für spezifische Fragestellungen in der Montage entwickelt wurden, sind:

- o Planung der Kapazität von Montagesystemen /38/
- o Verringerung der Modell–Mix–Verluste in Fließmontagen /39/
- o Ermittlung der Auswirkungen unterschiedlichen Arbeitsverhaltens von Mitarbeitern in manuellen Montagesystemen /40/

Folgt man dem Leitfaden zur Planung von Montagesystemen /16/, so werden bereits in einem frühen Planungsstadium firmenspezifische Planungsziele erarbeitet und dokumentiert. Dieses Zielsystem liefert den Rahmen für den Einsatz eines Simulators zur Bewertung von Planungsalternativen. Das Ziel des Einsatzes eines Simulators kann damit auf operationaler Ebene nicht allgemeingültig festgelegt werden, da entsprechend firmenspezifischer Fragestellungen vorgegangen werden muß. Das Simulationswerkzeug sollte in der Lage sein, einen weiten Bereich von Fragestellungen abzubilden und aufgrund unterschiedlicher Kriterien zu untersuchen.

Um bei der Planung von Montagesystemen einerseits die geforderte Einsatzflexibilität und andererseits die geforderte Anwendungsunterstützung bieten zu können, muß ein Simulationswerkzeug eingesetzt werden, das beiden Anforderungen gleichermaßen genügt. Dies kann nur von einem Simulationssystem geleistet werden, das das geforderte Anwendungsgebiet "Montage" ganzheitlich abdeckt, aber vom Montageplaner keine vertieften EDV– oder gar Progammierkenntnisse verlangt.

2.3.3 Anwendungsgebiete von Simulationssystemen

In Bild 5 sind die Anwendungsgebiete von Simulationssystemen für den Bereich der Produktionsplanung gegenübergestellt. Dabei wird zwischen Materialflußsystemen, flexible Fertigungssystemen, Montagesystemen /41/ und Prozeßsimulation /34, S. 54/ unterschieden.

Kennzeichen des Simulationssystems	Anwendungsgebiet des Simulationssystems			
	Prozeß	Materialfluß/ Logistik	Fertigung	Montage
typische bewegte Einheit	konstruktives Element (Körper)	Transporter Förderzeug Behälter	Palette Werkzeug Werkstück	Produkt Baugruppe Bauteil
typische Aktivitäten	kontinuierliche Bewegung	Transport–vorgang	Bearbeitungs–vorgang	Fügevorgang
typisches Ziel der Simulation	Dimensionierung von Maschinen/ Maschinenteilen	Dimensionierung von Transport–einrichtungen	Dimensionierung von Anlagen/ Verkettungen	Auslegung von Anlagen mit Teilezuführung
typische Anwen–dungsbeispiele	Bauweise von Robotern	FTS Hochregallager	FFS	Montage–automaten
typische Art des Simulators /nach 23/	kontinuierlich deterministisch periodenorient.	diskret stochastisch ereignisorientiert		

Bild 5: Anwendungsgebiete von Simulationssystemen bei der Produktionsplanung

Eine Gruppe von Simulationssystemen befaßt sich mit Fragen der Prozeß– und Technikplanung /42/. Dabei werden beispielsweise unterschiedliche Bauformen von Industrierobotern (z.B. Knickarm–, Schwenkarmbauweise) auf ihre Eignung zur Verkettung von Werkzeugmaschinen überprüft. Diese Gruppe von Simulationssystemen ist für die vorliegende Aufgabenstellung nicht geeignet.

Zahlreiche Simulationssysteme orientieren sich an Problemstellungen der Logistik und des Materialflusses /43, 44, 45, 46, 47, 48, 49/. Prozeß– und Arbeitsorganisation werden hier bestenfalls als Randbedingung zur Untersuchung logistischer Fragestellungen betrachtet. In einigen speziellen Anwendungsgebieten wie Projektierung von FTS–Anlagen (FTS = Fahrerloses Transportsystem), EHB–Anlagen (EHB = Einschienen–Hängebahn) oder Hochregallagern gehören Simulationen bereits zum Standard der Projektierung /50, 51, 52, 53, 54/. In einer Umfrage /55/ bei Anwendern lagen in fast 80 % der durchgeführten Simulationsstudien die thematischen Schwerpunkte auf dem Gebiet Logistik und Materialfluß.

Weitere Simulationssysteme sind für die Planung von flexiblen Fertigungssystemen (FFS) entwickelt worden /56/. So kann beispielsweise mit Hilfe von TOSYS /57/ das Zusammenwirken von Werkstück– und Werkzeugfluß abgebildet und simuliert werden.

Zur Untersuchung von Problemstellungen in der Montage eignen sich bislang nur wenige Simulationssysteme. Kapitel 2.3.5 gibt einen Überblick über Simulationssysteme, die bereits Anwendung bei der Montageplanung gefunden haben.

2.3.4 Grafische Unterstützung der Simulation

Zunächst soll feststellt werden, daß die Qualität und die Eignung eines Modells zur Abbildung von Produktionssystemen von den grafischen Fähigkeiten des Simulationswerkzeugs nicht berührt wird /17, S. 23/. Dennoch ist, wie bereits erwähnt, die grafische Unterstützung, die ein Simulationswerkzeug bietet, für die effiziente Anwendung und Akzeptanz durch den Planer von entscheidender Bedeutung /8/.

Prinzipiell können folgende Funktionen grafisch unterstützt werden:

- Erstellung des Modells mit Hilfe grafischer Symbole (Modelleditor)
- Entscheidungen im Simulationslauf (interaktive Simulation)
- Animation des Simulationsablaufs
- Darstellung der Simulationsergebnisse in Diagrammen und Schaubildern

Der Aufbau eines Simulationsmodells mit Hilfe von Symbolen erfolgt in der Regel auf einem grafikfähigen Bildschirm. Mit Tastatur und Zeigegerät (Maus) gibt der Benutzer alle benötigten Daten in den Rechner ein. Die Terminologie kann sowohl anwendungsbezogen, d.h. mit produktionstechnischem Sprachschatz /48/, als auch simulationsbezogen, d.h. mit Begriffen aus der Informatik /27/, sein. Neuerdings verwenden bereits einige Simulationswerkzeuge direkt die Symbole aus der Layoutplanung über eine Schnittstelle von einem CAD–System (CAD = Computer Aided Design) /58/.

Aus jedem Simulationslauf können bei vielen Simulationswerkzeugen aus Protokollen und Statistiken Diagramme und Schaubilder erzeugt werden, die die Anschaulichkeit der Ergebnisse verbessern. Dabei werden beispielsweise folgende Darstellungen erstellt:

- o zeitliche Auslastung von Komponenten über der Zeit (z.B. Puffer /25/, Stationen /59/)
- o Warteschlangenlänge der Auftragsliste über der Zeit /45/
- o Häufigkeitsverteilung der Warteschlangenlänge an einer Station /60/
- o Durchsatzvergleich bei unterschiedlichen Planungsalternativen /57/

Unter Animation wird die bildliche Darstellung der Bewegungen und Zustände der Modellkomponenten auf einem Grafikbildschirm verstanden /17, S. 23/. Der Anwender erkennt unmittelbar die Abläufe, die während eines Simulationslaufs im Modell stattfinden oder stattgefunden haben. Es können zwei Arten von Animationen unterschieden werden /vgl. 61/:

Online–Animation: Die Animation läuft parallel zum Simulationslauf ab, d.h. Veränderungen im Modell werden sofort grafisch dargestellt.

Offline–Animation: Die Animation wird nach Beendigung des eigentlichen Simulationslaufs (meist auf Basis eines speziellen Ereignisprotokolls) durchgeführt. Die Animationsdaten können dabei von anderen Simulatoren erzeugt worden sein /62/.

Die Animation ist damit ebenfalls ein Verfahren zur Präsentation und Erläuterung der Simulationsergebnisse, da sie den Anwender bei der Fehlersuche, der Validierung und Verbesserung des Modells unterstützt. Der Anwender kann mit Hilfe der Animation leichter erkennen, wie das Simulationsergebnis zustande gekommen ist /24, S. 35/.

Die Animation erleichtert auf diese Weise die Kommunikation zwischen dem Simulationsexperten auf der einen und den Planern und Betreibern auf der anderen Seite. Soll die Simulation ohne Konsultation eines Simulationsexperten von einem Mitglied des Planungsteams eingesetzt werden, ist die grafisch–dynamische Darstellung des Produktionsgeschehens sicher unbedingt erforderlich /63/.

Der Benutzer hat bei einigen Animationsverfahren die Möglichkeit, interaktive Eingriffe vorzunehmen. Diese Eingriffe beschränken sich jedoch auf Darstellungsgesichtspunkte. So können beispielsweise Farbkodierungen, Symbole oder die Animationsgeschwindigkeit beeinflußt werden. Interaktive Entscheidungen des Benutzers, die sich auf das Verhalten des Simulationsmodells auswirken, sind insbesondere bei Offline–Animationen nicht möglich, da der eigentliche Simulationslauf auf dem die Animation beruht, bereits abgeschlossen wurde.

2.3.5 Vorhandene Simulationssysteme

In diesem Abschnitt werden einige Simulatoren, die in der Montageplanung Anwendung fanden, bzgl. deren Anwendungsschwerpunkte erläutert und verglichen. In den Vergleich werden zum einen anwendungsunterstützend wirkende, interaktive und grafische Komponenten der Simulatoren, zum anderen Merkmale, die die Modellierungsmöglichkeiten beschreiben, einbezogen (Bild 6).

Kennzeichen \ Simulationssystem			GISA	SIMU	GRAFSIM	MAP/1	DOSIMIS	WITNESS	MOSYS	SIMULAST
Merkmale des Modells	Verknüpfung von Arbeitsplätzen/Stationen	direkte Verkettung	●		●	●	●	●	⊖	⊖
		Puffer	●	●	●	●	●	⊖	⊖	◐
		Transporteinrichtungen			●	●	◐	●	⊖	⊖
		parallel	●	●	●	●	●		⊖	⊖
		im Nebenfluß	●	●		●	●		⊖	⊖
		mit Rückführung	●	●		●	●			⊖
		Werkstückträger	●			●				
	Tätigkeiten im Modell	Bearbeiten	◐	◐	◐	◐	◐	◐	⊖	●
		Fügen		◐	○	◐	◐	◐	⊖	●
		Bereitstellen		⊖	◐	◐	◐		⊖	●
		Rüsten von Stationen	◐	○		◐	◐	◐	⊖	●
		Instandsetzen von Stationen		◐		◐	◐	◐	⊖	●
		Nacharbeit				◐	◐			⊖
	Personal-darstellung	Mitarbeiter als eigenständiges Modellelement	○	○	○	⊖	⊖	⊖	⊖	●
		Individuelle Arbeitszeiten	X	X	X	⊖		⊖	⊖	⊖
		Qualifikationskennzahlen	X	X	X	⊖		⊖		●
		Leistungskennzahlen	X	X	X	○		○		○
Anwendungs-unterstützung		Modelleditor	●	●	●	◐	●	●	●	●
		Preprozessor	●							
		Ergebnisdiagramme	●	●	●	●	●	●		●
		Offline-Animation		●	●	●	●			●
		Online-Animation						●		
		interaktive Simulation								
		anwendungsbez. Oberfläche	●	●	●	●	◐	●	◐	

● vorhanden/möglich
⊖ Ersatzdarstellung vorhanden
◐ Teilaspekte vorhanden
○ nicht vorhanden/nicht möglich
☐ nicht erwähnt

Bild 6: Vergleich von Simulatoren

Kernstück der meisten Materialfluß– und Fertigungssimulatoren sind Elemente, die Arbeitsplätze bzw. –stationen abbilden. Der Fluß von Arbeitsgegenständen zwischen Arbeitsplätzen kann dabei über Transporteinrichtungen (z.B. Fahrzeugen, Gabelstapler mit entsprechenden Behältnissen), über Puffer oder über eine direkte Verkettung erfolgen. Meist kann auch die parallele Anordnung von Arbeitsplätzen und die Anordnung von Arbeitsplätzen im Nebenfluß abgebildet werden.

Grundvoraussetzung für die Anwendbarkeit eines Simulationssystems in der Montage ist, daß die Bereitstellung und Versorgung von Arbeitsstationen mit Teilen und vormontierten Baugruppen simuliert werden kann. Es wird eine Beschreibungsmöglichkeit benötigt, mit der das Fügen von Teilen zu Baugruppen bzw. von Baugruppen und Teilen zu Endprodukten /2, S. 20/ an manuellen oder automatisierten Arbeitsstationen abgebildet und simuliert werden kann /64, S. 232/. In vielen Fällen ist es von grundlegender Bedeutung für die Beurteilung des Systemsverhaltens, daß auch das Bereitstellen von Vorrichtungen, Werkzeugen und Werkstückträgern modelliert werden kann. Des weiteren muß mit Hilfe des Simulators das Umrüsten von Stationen bei Typwechseln betrachtet werden können. Speziell in der Montage ist häufig auch die Ausführung von Nacharbeit ein wichtiges Thema.

Fast alle Simulationssysteme beinhalten die programmtechnische Möglichkeit der Abbildung von Ausfällen oder Störungen an Betriebsmitteln. Personelle Gesichtspunkte dieser Ereignisse können aber häufig nicht beschrieben werden. Meist steht das Betriebsmittel nach Ablauf einer vorausberechneten Störungsdauer im Modell wieder zur Verfügung, ohne daß ein Mitarbeiter zur Störungsbeseitigung eingegriffen hat.

Die erwähnten Funktionen werden bei einigen Simulatoren als rein technische Vorgänge betrachtet. Personal, das diese Funktionen als Tätigkeiten im Modell ausführen kann, wird nicht abgebildet. Damit kann zwar die Prozeßorganisation in vielen Fällen ausreichend genau abgebildet werden, die Arbeitsorganisation kann damit aber nicht berücksichtigt werden.

Einige Simulatoren bilden Personal als Werkergruppen ab, die eine Anzahl von gleich "qualifizierten" Mitarbeitern umfaßt. Jeder Werkergruppe werden Arbeitsplätze bzw. Stationen als Einsatzgebiet zugewiesen. Die Simulation eines flexiblen Personaleinsatzes beschränkt sich mit dieser Darstellung auf die Problematik der Mehrmaschinenbedienung /65/. Die Übernahme von indirekten Tätigkeiten durch das Personal kann im einzelnen nicht untersucht werden, wenn Mitarbeiter nicht als eigenständige Elemente betrachtet werden. Leistungskennzahlen zur Beschreibung des Arbeitsverhaltens der Mitarbeiter /vgl. 66, S. 125 ff./ werden noch von keinem Simulator angeboten.

Der Anwendungsschwerpunkt von GISA /67/ ist die Simulation von Flexiblen Fertigungs– und Montagesystemen. Mit Hilfe eines Preprozessors können auf Basis vordefinierter Bausteine wie Maschinen, Spannplätze, Meß– und Waschstationen ablauffähige SLAM II Programme erzeugt werden.

Mit Hilfe des Simulators SIMU /68/ können automatische Montagestationen einschließlich der Teilezuführung untersucht werden. Dieser Simulator eignet sich damit vorrangig für den Einsatz bei der Planung automatisierter Montageanlagen.

GRAFSIM /69/ eignet sich zur Simulation von Fertigungssystemen, in denen Teile auf Paletten oder in Behältern transportiert und an Stationen bearbeitet oder montiert werden. Das Zusammenfügen von mehreren Einzelteilen zu einem neuen Teil kann jedoch nicht berücksichtigt werden /69, S. 378/.

Die Simulatoren MAP/1 /70/, DOSIMIS /71/ und WITNESS /72/ bieten als kommerzielle Systeme eine gute Anwendungsunterstützung. Damit wird noch einmal die Hypothese untermauert, daß für den praktischen Einsatz eines Simulators der Anwendungskomfort eine entscheidende Rolle spielt. DOSIMIS und WITNESS verfügen über eine durchgängige grafische Oberfläche, die den Planer in allen Phasen einer Simulation unterstützt. MAP/1 bietet einen Modelleditor auf Basis von Bildschirmmasken. Eine Animation der MAP/1– Modelle ist mit Hilfe von TESS /62/ nachträglich möglich. Alle drei Simulatoren bilden Werkergruppen in der bereits beschriebenen Art und Weise ab.

Das Planungs– und Simulationsverfahren MOSYS /48, 73/ verwendet für die Abbildung von Fertigungsstrukturen die Funktionsbausteine Fertigen, Montieren, Fördern, Prüfen und Lagern. Bevor ein Werkstück einen dieser Funktionsbausteine durchlaufen kann, wird sichergestellt, daß alle dafür benötigten "Ressourcen" oder "Funktionsträger" verfügbar sind. Mit dieser Darstellung können beispielsweise Pausen, unterschiedliche Schichtlängen und Ausfälle durch Wartungsarbeiten abgebildet werden /59/. Ein spezielles Element zur Abbildung von Mitarbeitern oder Werkern wird jedoch nicht angeboten.

Mit Hilfe von SIMULAST /74, 75, 76, 77/ können die Systemelemente Betriebsmittel, Produktionsprogramm und Personal gleichrangig abgebildet und simuliert werden. SIMULAST verwendet zur Beschreibung des Aufgabenbereichs der Personen Funktionen, die in einem Arbeitsplan /77/ beschrieben sind. Der Fertigungsablauf wird durch eine Folge von manuellen und maschinellen Funktionen beschrieben. Um eine manuelle Funktion ausführen zu können, müssen ein freies Betriebsmittel und ein freier Werker vorhanden sein. Die Mitarbeiter können dabei nach unterschiedlichen "*Arbeitssteuerungsprinzipien*" /76, S. 9/ eingesetzt werden. Die Abbildung der Personalqualifikation basiert auf einer Liste all jener Funktionen, die von einer Personalgruppe wahrgenommen werden sollen. Welche Personalgruppe diese Funktionen vorrangig ausführen soll, wird durch Prioritäten festgelegt (prioritätsgesteuerter Personaleinsatz). Durch Verteilungen für Häufigkeit und Zeitdauer können maschinelle Störungen beschrieben werden /75, S. 300/. SIMULAST eignet sich damit besonders zur Simulation der Arbeitsteilung an Arbeitssystemen, bei denen die Betrachtung des Materialflusses auf technischer Ebene von untergeordneter Bedeutung ist.

Ohne eine realitätsnahe Abbildung des Montagepersonals ist eine Untersuchung der Auswirkungen unterschiedlicher technischer, organisatorischer und personeller Ausprägungen und Maßnahmen in hybriden Montagesystemen nicht möglich. Viele Simulationssysteme, in denen Personal überhaupt betrachtet wird, z.B. als Fertigungs– oder Transportpersonal, bilden Werker lediglich als "prozeßgebundene Betriebsmittel" ab. Lösungen mit alternativen Arbeitsorganisationen können nicht oder nur über zeitraubende und stark abstrahierende Ersatzdarstellungen abgebildet und untersucht werden. Keines der beschriebenen Simulationssysteme bietet damit wirksame und zugleich anwendungsfreundliche Lösungen zur Untersuchung technischer und arbeitsorganisatorischer Fragestellungen in hybriden Montagesystemen an.

2.3.6 Einsatz von Petri–Netzen in der Montageplanung

Petri–Netze sind als Hilfsmittel bei der Modellbildung weit verbreitet. Ihre Nutzung als Simulationssprache wurde durch Editoren zur Erstellung und Ausführung von Petri–Netzen möglich /78, 79, 80, 81/. Als grafisch unterstützte Programmiersprache ist der Anwendungsbereich dieser Editoren nicht auf den Produktionsbereich beschränkt. Der Benutzer des Editors gibt dabei das Modell des geplanten Realsystems als Petri–Netz ein. Das "Markenspiel", d.h. das dynamische Fortschalten des Petri–Netzes, wird vom Programm ausgeführt. Mit Hilfe von Statistiken und Protokollen können die Zustandsänderungen verfolgt und ausgewertet werden.

Der Anwendungsschwerpunkt dieser Editoren in der Montageplanung ist die Konzeption oder Generierung von Programmen zur Anlagensteuerung /81, 82, 83/. Itter /84/ beschreibt beispielsweise den Einsatz von NET /79/ zur Konzeption einer Strategie zur Steuerung einer Kompaktierungsanlage in der chemischen Industrie zum Pressen von Tabletten. Es wird herausgestellt, daß die Implementierung der endgültigen Steuersoftware in einer konventionellen Programmiersprache erfolgt. Petri–Netze werden also vorwiegend als Hilfsmittel zur Spezifikation der eigentlichen Steuerungssoftware eingesetzt (vgl. auch /85/).

Ein Einsatz von Petri–Netzen in der Montageplanung als Hilfsmittel zur Entwicklung eines Simulationssystems mit anwendungsbezogener grafischer Oberfläche ist dem Autor nicht bekannt.

2.4 Zielsetzung

Mit dem Einsatz neuer Technologien gewinnt die Planung der Arbeitsorganisation zunehmend an Bedeutung. Die herkömmliche Arbeitsteilung erweist sich gerade in hybriden (teilautomatisierten) Montagesystemen als kaum geeignet, da hier die Arbeitsaufgaben des Personals und die Funktionen der Betriebsmittel integriert betrachtet werden müssen /86/. Die Zeitstruktur der Tätigkeiten (Dauer, Anfall) bestimmt sich dabei u.a. aus der absoluten Systemgröße, dem Automatisierungsgrad des Systems und den Flexibilitätsanforderungen.

Im Rahmen der vorliegenden Arbeit wird ein Simulationssystem konzipiert und realisiert, mit dem hybride Montagestrukturen unter Einbeziehung produktionsbegleitender indirekter Tätigkeiten /15, S. 149/ abgebildet und im Hinblick auf alternative Arbeitsteilungen auf Wirtschaftlichkeit und Flexibilität untersucht werden können. Mit Hilfe des Simulationssystems sollen alternative Montagemodelle aufgebaut, simuliert und bewertet werden können, die durch unterschiedliche Mensch–Mensch– und Mensch–Maschine–Arbeitsteilungen gekennzeichnet sind. Dazu sollen sowohl das Personal als auch die Betriebsmittel als eigenständige Modellelemente abstrahiert und beschrieben werden.

Der Komplexität der Aufgabenstellung entsprechend ist das Simulationssystem so auszulegen, daß der Planer selbst Simulationen durchführen kann. Voraussetzung dafür ist eine anwendungsbezogene grafische Benutzeroberfläche, zu deren Bedienung keine Programmierkenntnisse und lediglich ein Mindestmaß an EDV–Kenntnissen erforderlich sind.

Um dieses Ziel zu erreichen, werden erstmals Petri–Netze zur Konzeption eines leistungsfähigen und anwenderfreundlichen Simulators selbst eingesetzt. Die klassischen Petri–Netze müssen dazu an die vorliegende Aufgabenstellung angepaßt und entsprechend erweitert werden. Aus Sicht des Planers verbergen sich diese Netze jedoch unter einer objektorientierten Oberfläche.

2.5 Vorgehensweise

Das Simulationssystems kann in die drei Hauptkomponenten

- o Basissystem (Petri–Netz–Komponente),
- o Entscheidungssystem (interaktive Komponente) und
- o Grafiksystem (Oberflächenkomponente)

aufgeteilt werden (Bild 7).

Im Basissystem werden alle Daten und Funktionen zur Beschreibung des Montagesystems verwaltet. Das Basissystem untergliedert sich in

- o Modellelemente, die aus der Vielzahl der in Montagesystemen vorhandenen realen Objekte (Betriebsmittel, Personal und Material) abstrahiert werden,
- o Zeitbausteine, die die in hybriden Montagestrukturen anfallenden Arbeitsumfänge beschreiben, und
- o Elementarvorgänge, die den grundlegenden Produktionsprozeß als Zusammenwirken der Elemente (Betriebsmittel, Personal und Material) betrachten.

Die Abfolge dieser Vorgänge wird vom Entscheidungssystem gesteuert und überwacht.

Über das Grafiksystem wird der Planer am Bildschirm informiert. Er hat die Möglichkeit, eigene Eingriffe vorzunehmen und deren Auswirkung zu beobachten.

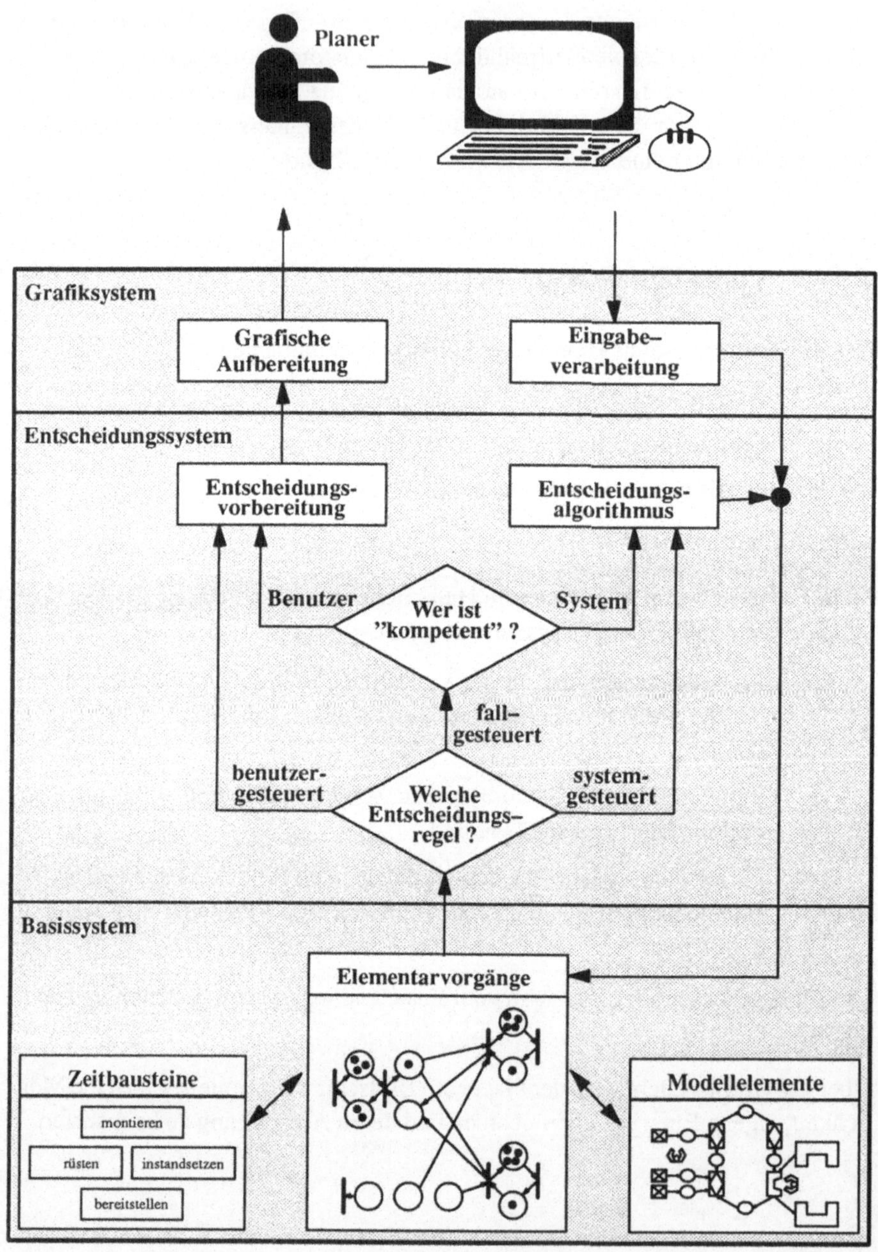

Bild 7: Hauptkomponenten des Simulationssystems

Die zur Ausführung der Prozeß– und Arbeitsorganisation nötigen Entscheidungen sollen interaktiv vom Planer getroffen werden können. Dazu ist es nötig,

- o daß die zur Entscheidungsfindung notwendigen Informationen bereitgestellt werden (Welche Entscheidungen sind im konkreten Fall überhaupt möglich?) und
- o daß offensichtlich triviale Entscheidungen vom Simulationssystem getroffen werden können (z.B. bei nur einer "sinnvollen" Entscheidungsmöglichkeit).

Der bei der Definition des Basissystems abgeleitete Entscheidungsbedarf der im Basissystem verknüpften Modellelemente wird dabei zunächst in eine Entscheidungsregel eingeleitet. Dabei kann zwischen benutzer–, system– und fallgesteuerten Entscheidungsregeln unterschieden werden (Bild 7).

Eine **benutzergesteuerte** Entscheidung soll auf jeden Fall vom Planer getroffen werden. Dafür muß die Entscheidung vorbereitet (z.B. die Alternativen bestimmt) und grafisch aufbereitet werden. Diese Vorgehensweise verlangt vom Planer sehr viele Interaktionen. Sie ist daher nur bei sehr wenigen und äußerst bedeutungsvollen Modellelementen einsetzbar (z.B. Entscheidung über den Einsatz bzw. Einsatzort von hochqualifiziertem Rüst– und Instandsetzungspersonal).

Eine **systemgesteuerte** Entscheidung wird anhand eines vollständig definierten Entscheidungsalgorithmus herbeigeführt. Dabei kann zwar auf den aktuellen Zustand des Modells zugegriffen werden. Übergeordnete, d.h. dem Modell nicht bekannte Ziele können jedoch mit dieser Vorgehensweise nicht verfolgt werden (z.B. Umrüsten wegen wichtiger Eilaufträge von bevorzugten Kunden). Im Rahmen der vorliegenden Arbeit sollen einfache Algorithmen (z.B. Auswahl der Entscheidung mit der höchsten Priorität) implementiert werden.

Bei einer **fallgesteuerten** Entscheidung wird zunächst festlegt, welche Entscheidungsinstanz (Planer oder System) im konkreten Fall "kompetent" ist. Dementsprechend wird entweder wie bei einer benutzergesteuerten Entscheidung oder einer systemgesteuerten Entscheidung fortgesetzt.

Ein einfaches Beispiel verdeutlicht die Vorgehensweise bei fallgesteuerten Entscheidungsregeln: Ist in einer konkreten Situation nur eine Entscheidung möglich, soll diese vom System ohne Eingriff durch den Planer ausgeführt werden. Existieren dagegen zwei oder mehr Entscheidungsmöglichkeiten, sollen diese dem Planer vorgelegt werden.

Auf dem fallgesteuerten Entscheidungsverfahren ruht das Hauptaugenmerk, da hier die Nachteile der beiden anderen Entscheidungsstrategien vermieden werden können. Dem Planer sollen nur wirklich “relevante” Entscheidungssituationen vorgelegt werden. Hierfür wird ein Verfahren angewendet, bei dem alle denkbaren Entscheidungen zunächst ermittelt und bewertet werden. Mit Hilfe vordefinierter Entscheidungsfilter werden dann ungeeignete Möglichkeiten ausgeschlossen. Führt dies zu keiner eindeutigen Entscheidung, wird der Planer informiert, der nun seinerseits eingreift.

Das Grafiksystem hat die Aufgabe, dem Benutzer ein funktionales Abbild des Montagesystems zur Verfügung zu stellen und über die Vorgänge und Zustände zu informieren. Bei großen Arbeitssystemen entstehen sehr umfangreiche und damit unübersichtliche Darstellungen, so daß es nötig wird, mit Hilfe einer Fenstertechnik immer nur die gerade aktuellen Ausschnitte und Informationen am Bildschirm zu zeigen.

Die Zustände der Modellelemente werden durch eine geeignete Farbkodierung des Symbols dargestellt, damit der Planer kritische Situationen schnell erfassen und entsprechend reagieren kann. So wird beispielsweise durch ein speziell hervorgehobenes Symbol signalisiert, daß eine Montagestation gestört ist und hier Instandsetzungsarbeiten anfallen. Der Planer kann nun je nach Situation versuchen, einen für diese Aufgabe “qualifizierten” Werker zur Störungsbehebung zu “entsenden”.

3 Modellbildung

Die Montage als reales System stellt *"eine Quelle von Daten dar"* /87, S. 9/. Aus dieser Datenmenge sind die relevanten Größen zur Modellbildung auszuwählen. Relevant sind in diesem Zusammenhang alle Elemente sowie deren Eigenschaften und Dynamiken im betrachteten Gegenstandsbereich. Jedoch soll hier nicht der Eindruck erweckt werden, daß dieser erste Schritt der Modellbildung vollständig formalisierbar wäre. Daten sind ohne eine Theorie nicht interpretierbar. Schon die Auswahl der Daten aus dem Realsystem grenzt den Gegenstandsbereich ab und schafft damit bereits eine Hypothese. Der Phase der Modellbildung kommt damit eine grundlegende Bedeutung zu.

In diesem Kapitel wird eine Möglichkeit aufgezeigt, wie der Gegenstandsbereich der hybriden Montage aus der Sicht einer ganzheitlichen Montagesystemplanung /16, S. 20/ in die Modellbildung einfließen kann.

Eine erste Konkretisierung des Modells wird durch die Abstraktion der zu betrachtenden Montagesystemelemente und der ihnen zugeordneten, grundlegenden dynamischen Vorgänge erreicht. Für die weitere Formalisierung des damit zunächst verbal beschriebenen Montagemodells wird schrittweise ein Hilfsmittel generiert, das auf Petri–Netzen aufbaut.

3.1 Arbeitsaufgaben in hybriden Montagesystemen

Folgende Klassen von Arbeitsaufgaben werden aus ingenieur– und arbeitswissenschaftlicher Sicht grundsätzlich berücksichtigt:

- direkt produktive Aufgaben
  - Bearbeiten (z.B. Montieren, Prüfen) unterschiedlicher Produkte
  - Rüsten und Instandsetzen von Betriebsmitteln
  - Bereitstellen von Material und Werkzeugen
- indirekt produktive Aufgaben
  - Planen und Steuern
  - Überwachen des Produktionsablaufs

Dieser Sachverhalt soll anhand eines einfachen Beispiels verdeutlicht werden, an dem sich jedoch die komplexen Wechselwirkungen zwischen zwingend vorgegebenen Abläufen und freien Entscheidungen unter dynamischen Gesichtspunkten anschaulich aufzeigen lassen.

Bild 8 zeigt eine hybride Montagezelle mit zwei Montagerobotern, einer Prüfstation und einem manuellen Bereich. Bild 9 verdeutlicht beispielhaft die Abhängigkeit der Ausführung von manuellen Tätigkeiten in diesem Produktionsabschnitt von planbaren und nicht planbaren Ereignissen im technisch–produktiven Bereich.

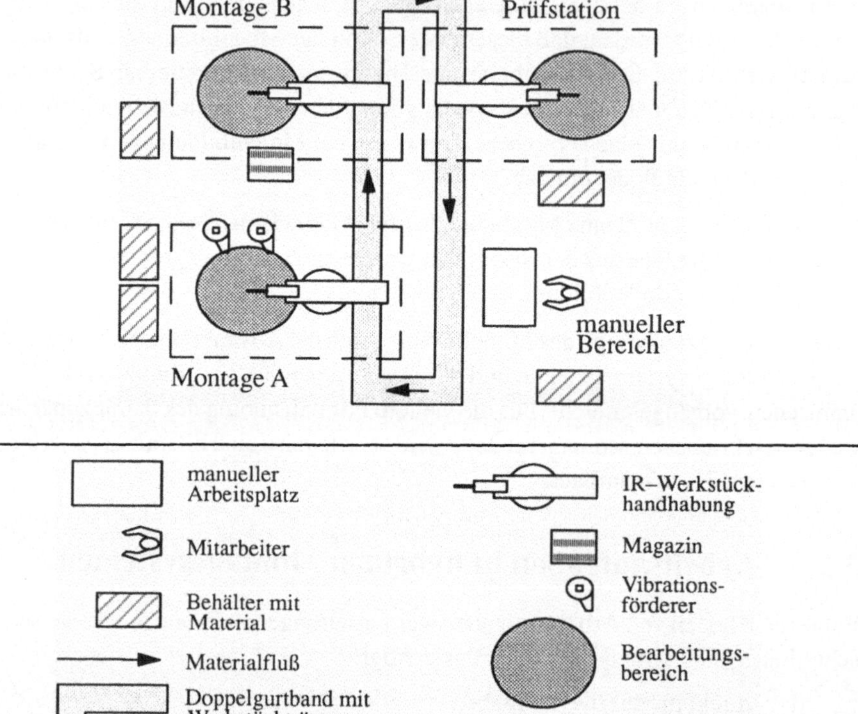

Bild 8: Beispiel einer hybriden Montagezelle für Flügelzellenpumpen (Layoutskizze)

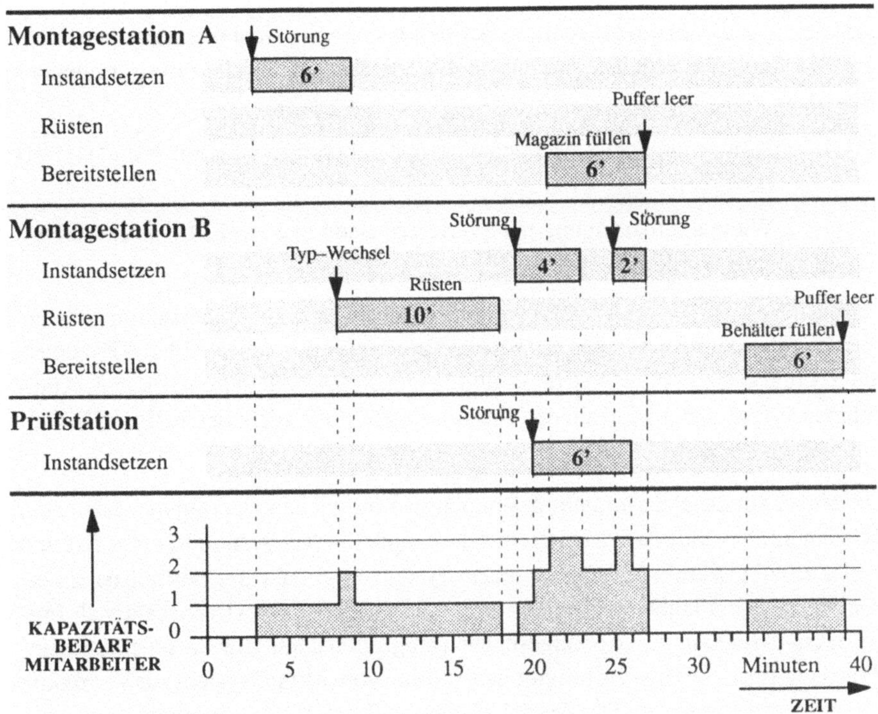

Bild 9: Beispiel eines Tätigkeits– und Kapazitätsprofils in einem hybriden Montagesystem mit drei Automatenstationen

Im Beispiel wird angenommen, daß von dem oder den Mitarbeitern in einem hybriden Montagesystem an drei Automatenstationen Instandsetz–, Rüst– und Bereitstelltätigkeiten auszuführen sind. In den dargestellten 40 Betriebsminuten fallen Arbeitsumfänge ebenfalls von 40 Minuten an. Rein statisch betrachtet würde dies bedeuten, daß genau ein Mitarbeiter gebraucht wird, um das System zu bedienen. Wie aus dem Kapazitätsverlauf in Bild 9 jedoch zu entnehmen ist, fallen die Arbeitsaufgaben nicht gleichmäßig über die Zeit an. Sollen alle Kapazitätsspitzen abgedeckt werden, müssen zeitweise drei Mitarbeiter zur Verfügung stehen.

Würde beispielsweise die Tätigkeit "Magazin füllen" an der Montagestation A bereits zu einem früheren Zeitpunkt (z.B. zum Zeitpunkt 0) ausgeführt, könnte der maximale Kapazitätsbedarf auf zwei Mitarbeiter reduziert werden. Störungen sind jedoch in der Regel nicht vorhersehbar und haben ihrerseits wieder Auswirkungen auf die Bereitstell– und Rüstzeitpunkte. Auch müßten die Magazine der Stationen groß genug sein, um ein präventives Auffüllen sinnvoll erscheinen zu lassen. Weitere Ansatzpunkte ergeben sich beispielsweise aus der Beantwortung folgender Fragen:

- o Könnte eine der Störungen nicht später behoben werden? Wenn ja, welche?
- o Wieviel Ausbringung geht verloren, wenn nur zwei Mitarbeiter eingesetzt werden?

Durch diese vielfältigen Abhängigkeiten zwischen Technik, Organisation und Personal ergeben sich im Arbeitssystem innerhalb der betrieblichen Abläufe Entscheidungssituationen bei der Auftrags– und Personaleinsatzsteuerung, die von Algorithmen aufgrund der Vielzahl der Einflußgrößen häufig nicht befriedigend bewältigt werden können.

Um eine realitätsnahe Simulation dennoch zu ermöglichen, benötigt der Planer ein Instrument, das ihm das Arbeiten mit dem modellierten System in einer Art und Weise erlaubt, wie es sonst nur im realen System möglich wäre. Deshalb ist es notwendig, daß der Planer das Modellsystem überwachen und bei Bedarf aktiv als Entscheidungsträger in das Modellgeschehen eingreifen kann. Zur Entscheidungsfindung benötigt der Planer Informationen, die ihm vom Modellsystem zur Verfügung gestellt werden müssen. Das Modellsystem muß jederzeit in der Lage sein,

- o den Planer über den aktuellen Zustand des Modells zu informieren,
- o Entscheidungen und Eingriffe vom Planer zu akzeptieren und auszuführen und
- o die Auswirkungen dieser Entscheidungen als neuen aktuellen Zustand des Modells aufzuzeigen.

3.2 Unterstützung des Planers durch eine objektorientierte grafische Oberfläche

Eine wichtige Hilfe für den Planer ist dabei, daß die notwendigen Zustände und Vorgänge im Modellsystem in einer grafischen Darstellung sichtbar gemacht werden. Im Gegensatz zur Offline–Animation (nachträgliches Darstellen bereits abgelaufener Simulationsläufe) soll hier eine Online–Animation realisiert werden, bei der jede Veränderung im Modell sofort sichtbar gemacht wird. Wie bei einem Flugsimulator reagiert das Modell nicht nur auf interne zeitliche Abläufe, sondern auch auf Eingriffe des Piloten bzw. Planers und macht die Auswirkungen sofort sichtbar (z.B. Fluglage bzw. Überlastung einer Station). Bei der Online–Animation sollen den grafischen Symbolen Bausteine des Modellsystems entsprechen, wobei für die Untersuchung der dynamischen Eigenschaften nicht die geometrischen (Lage und Maße), sondern die funktionalen Attribute (Tätigkeiten und Zeiten) im Vordergrund stehen.

Diese objektorientierte grafische Modelldarstellung mit den Sprach– und Darstellungsmitteln des Planers fördert die Akzeptanz /88/ und damit die Nutzung des Simulationssystems:

- o schwer verständliche Logik wird demonstrierbar (Demonstrationseffekt)
- o Engpässe und Verklemmungen im Modell werden sichtbar (Erklärungseffekt)
- o Entscheidungsfehler sind leichter erkenn– und lokalisierbar (Diagnoseeffekt)
- o Korrektheit des Modells ist zumindest teilweise überprüfbar (Validierungseffekt)

Durch direkte Eingriffe des Planers in den Simulationslauf kann das dynamische Systemverhalten, das durch Entscheidungen eines Meisters, eines Bandführers oder die Selbststeuerung einer Montagegruppe beeinflußt wird, bereits im Planungsstadium prognostiziert werden. Die Simulation ermöglicht dem Planer dadurch sowohl die Entwicklung eines geeigneten Personaleinsatzkonzepts für das zu konzipierende Montagesystem als auch die Ermittlung der Anforderungen an die Qualifikation des Montagepersonals.

3.3 Auswahl und Beschreibung der Montagesystemelemente unter funktionalen Gesichtspunkten

3.3.1 Auswahl der Montagesystemelemente

Vähning /2, S. 104 – 119/ schlägt in seiner Arbeit die Entwicklung einer Methode zur Modellbildung und Simulation flexibler Montagesysteme vor. Er schildert an einem Beispiel, ausgehend von einer objektorientierten Beschreibung eines flexiblen Montagesystems, eine ereignisdiskrete Simulation. Sie wird mit Hilfe von Tabellen und Skizzen quasi “von Hand” durchgeführt.

Vähning erkennt dabei, daß aufgrund der Komplexität von Ablaufvorschriften und Steuerstrategien /2, S. 106/, die während des Betreibens des Montagesystems überwiegend vom Menschen getroffen werden, neue Verfahren erprobt werden müssen, um in diesem Gegenstandsbereich eine rechnergestützte Simulation durchführen zu können. Neben Steuerstrategien beschreibt Vähning ein Montagesystem durch die Objekte "Mitarbeiter, Arbeitsplatz, Puffer, Quelle und Senke" /2, S. 109/. Quellen und Senken erzeugen bzw. löschen in diesem Modell Werkstücke und sind damit als Schnittstelle zu vor– bzw. nachgelagerten Produktionsbereichen oder zur Logistik zu sehen.

Sauer nennt als Elemente seines Modells zur Kapazitätsplanung eines Montagesystems Personal und Betriebsmittel /38, S. 20–21/. Als Betriebsmittel führt Sauer neben Arbeitsstationen und Puffern "Verkettungsmittel" ein. Die Verkettungsmittel beschreiben dabei den möglichen Materialfluß in einem Montagesystem als *"den Weg der Produkte von Ankunft bis zum Verlassen des Montagesystems"* /38, S. 56/. Die Verzweigungen im Materialfluß eines Produktes werden mit Hilfe von Entscheidungsalgorithmen gesteuert.

Für die Festlegung der im Modell zu betrachtenden Elemente sind also vorwiegend funktionale Kriterien maßgebend. Unter diesem Blickwinkel ist es beispielsweise für den Ort der Arbeitserfüllung unerheblich, welche Technologie an einer Station eingesetzt wird. Wichtig dagegen ist beispielsweise, welche Störfälle und daraus resultierende Reparaturzeiten (aufgrund der eingesetzten Technologie) an dieser Station auftreten.

Die Betriebsmittel im Modell umfassen Arbeitsplätze, Puffer und Verkettungseinrichtungen. Die Anbindung der Montage an vor– und nachgelagerte Bereiche (z.B. Teilefertigung bzw. Verpackung oder Versand) soll ebenfalls betrachtet werden können. Dafür werden zusätzlich Elemente zur Abbildung von Lägern und Transporteinrichtungen benötigt /vgl. z.B. 29/. Damit sind folgende Montagesystemelemente als eigenständige Modellelemente bestimmt:

- Mitarbeiter
- Arbeitsplätze
- Puffer
- Verkettung
- Lager
- Transportbehälter

- o Transportmittel
- o Transportanschluß
- o Transportstrecke

Als Betriebsmittel werden im folgenden alle Modellelemente mit Ausnahme des Mitarbeiters bezeichnet.

Die Arbeitsanforderungen an das Modellsystem werden in Form von Aufträgen vorgegeben, die während der Simulation vom Modell "abgewickelt" werden sollen. Ein Auftrag repräsentiert im Modell eine Menge von Arbeitsgegenständen (z.B. Baugruppen oder Endprodukte).

3.3.2 Beschreibung der elementaren Vorgänge

Den Modellelementen werden Elementarvorgänge zugeordnet, die sowohl manuell auszuführende Tätigkeiten als auch automatisch (ohne Zutun eines Mitarbeiters) ablaufende Funktionen umfassen. (Der Begriff "Vorgang" nach REFA /89, S. 78/ wird hier als Elementarvorgang bezeichnet, da er bereits einem ausführenden Modellelement zugeordnet ist). Um mit Hilfe der Simulation die dynamischen Eigenschaften von hybriden Montagestrukturen ermitteln zu können, sind die chronometrischen Eigenschaften der Montagesystemelemente wesentlich. Dabei sind außer dem reinen Zeitbedarf, der als **Zeitbaustein** bezeichnet wird, die Auswirkungen auf den Montageablauf und die dabei benützten Ressourcen wesentlich. Zu unterscheiden sind dabei manuelle Tätigkeiten und automatisch ausführbare Funktionen, die direkt dem Produktionsfortschritt dienen (montieren), von produktionsbegleitenden indirekten Tätigkeiten wie Rüsten, Instandsetzen und Bereitstellen.

Die in hybriden Montagestrukturen auftretenden Elementarvorgänge werden wie folgt beschrieben:

- o Art des Elementarvorgangs (z.B. montieren, rüsten, instandsetzen)
- o Art der Ausführung (manuell oder automatisch)
- o zeitlicher Arbeitsumfang, genannt Zeitbaustein (z.B. Montagezeit)
- o Modellelement, dem der Vorgang zugeordnet ist (Betriebsmittel oder Mitarbeiter)
- o zusätzliche Abhängigkeiten (z.B. Art des Arbeitsgegenstands, an dem die Tätigkeit anfällt)

Bild 10 gibt einen Überblick über die im Modell betrachteten Elementarvorgänge. Unter Arbeitsgegenständen /89, S. 75/ sollen ortsveränderliche Einheiten wie Werkstücke, Teile, Baugruppen, Werkstückträger, Werkzeuge oder Vorrichtungen, in Anlehnung an /90, S. 444, 476/ aber auch Informations– und Datenträger (z.B. Nacharbeitskarten), verstanden werden. Die Objektart repräsentiert eine Klasse von Arbeitsgegenständen. Jedem Arbeitsgegenstand wird demnach stets eine eindeutige Objektart zugeordnet. Diese Zuordnung kann sich z.B. je nach Montagefortschritt ändern.

Elementar-vorgang	**Zeitbaustein**	**Ort**	**zusätzlich abhängig von**
montieren	Montagezeit	Arbeitsplatz	Objektart
weitergeben	Weitergabezeit	Verkettung	
rüsten	Rüstzeit	Betriebsmittel	2 Objektarten
transportieren	Transportzeit	Transportstrecke	Transportmittel
beladen/ entladen	Ladezeit	Transportmittel	
instandsetzen	Instandsetzungszeit	Betriebsmittel	Störungsursache
Arbeitsort wechseln	Gehzeit	Mitarbeiter	2 Betriebsmittel
Störung	–	Betriebsmittel	

Bild 10: Vorgänge und Zeitbausteine im Simulationsmodell

Ein Montagevorgang wird in der Regel an Werkstücken und an einem Arbeitsplatz zum Erreichen eines Fertigungsfortschritts durchgeführt. Die Montagezeit kann von der Objektart des Werkstücks (Typ, Variante und Fertigungsfortschritt) und der an einem Arbeitsplatz zur Ausführung des Vorgangs benötigten Hilfsmittel (z.B. Vorrichtungen und Werkzeuge) abhängig sein /91/. Außer Fügevorgängen können auch Prüf– und Demontagevorgänge (z.B. bei Nacharbeit) beschrieben werden. Die Montagezeit beinhaltet Haupt–, Neben– und ablaufbedingte Wartezeiten /90, S. 312/. Die Montagezeit im Modell entspricht damit bei manueller Ausführung der Grundzeit, bei automatischer Ausführung der Betriebsmittel–Grundzeit nach REFA /66, S. 46/. Bei der Modellierung kann die Montagezeit als Sonderfall aber auch Verteil– und Erholzeiten beinhalten.

Ein Werkstück wird in der Regel nach einem ausgeführten Montagevorgang von einem Betriebsmittel an ein folgendes weitergegeben. Die Weitergabezeit kann je nach Arbeitsgegenstand (z.B. andere Größe, anderes Gewicht) und der Art des Verkettungsmittels zwischen den Betriebsmitteln (z.B. Rollenbahn, Band) unterschiedlich sein.

Ein Betriebsmittel kann zur Bearbeitung einer anderen Werkstückklasse umgerüstet werden. Die erforderliche Rüstzeit ist damit im allgemeinen abhängig vom Betriebsmittel, das gerüstet werden soll, der aktuellen und der künftig zu bearbeitenden Objektart. Die Ermittlung und Aufteilung der Rüstzeit nach REFA erfolgt analog der Montagezeit.

Ein Materialbereitstellungsvorgang findet im Modell in drei Stufen statt. Zunächst wird ein Transportmittel mit einem Behälter beladen. Der Behälter kann leer sein oder Arbeitsgegenstände enthalten. Das Transportmittel transportiert nun den Behälter zu seinem Bestimmungsort. Das Wegenetz setzt sich aus Transportanschlüssen und Transportstrecken zusammen. Jeder Strecke wird (z.B. entsprechend ihrer Länge) eine gewisse Fahrzeit zugeordnet. Am Bestimmungsort entlädt das Transportmittel den Behälter.

Die Instandsetzung von Betriebsmitteln ist im Gegensatz zu den bisher beschriebenen Elementarvorgängen nicht an einen bestimmten Arbeitsablauf gebunden. Nach Eintritt einer Störung muß das Betriebsmittel erst instandgesetzt werden, um wieder Montagevorgänge ausführen zu können. Aufgrund dieser Modellierung können neben Störungen auch geplante Wartungsarbeiten beschrieben werden, soweit für die Durchführung der Wartung das Betriebsmittel stillgelegt werden muß. Wartungsarbeiten ohne Betriebsunterbrechung und Inspektionen sollen hier nicht betrachtet werden. Die Instandsetzungszeit ist abhängig vom betroffenen Betriebsmittel und der eingetretenen Störung bzw. der Art der geplanten Wartungsarbeiten. Die Dauer der Betriebsunterbrechung kann die Instandsetzungszeit übersteigen, da die Instandsetzungsarbeiten erst begonnen werden können, wenn ein entsprechender Mitarbeiter zur Verfügung steht.

Für den Wechsel des Arbeitsortes benötigt ein Mitarbeiter im Modell eine Gehzeit. Die Gehzeit ist abhängig vom bisherigen und künftigen Arbeitsort. Arbeitsort kann jedes Betriebsmittel sein, vorrangig jedoch manuelle Arbeitsplätze.

3.3.3 Berechnung der Ausführungszeit

Die Zeit für das Ausführen einer bestimmten Arbeitsaufgabe durch Menschen kann sehr unterschiedlich sein. Die beschriebenen Zeitbausteine sind als technisch bedingte Soll–Zeiten zu verstehen und somit eine vom ausführenden Mitarbeiter unabhängige Bezugsleistung (Zeiteinheiten pro Stück) /66, S. 125/. Die Streuung der menschlichen Leistung von Arbeitsperson zu Arbeitsperson beschreibt REFA mit Hilfe eines Leistungsgrads, der das Verhältnis von beeinflußbarer Ist– zur Bezugs–Mengenleistung prozentual ausdrückt /66, S. 127/. Der Leistungsgrad jeder Arbeitsperson kann dabei für jeden (Elementar–) Vorgang unterschiedlich sein. Der Leistungsfaktor bezieht sich im Rahmen dieser Arbeit nicht auf eine Mengenleistung (Stückzahl pro Zeiteinheit), sondern auf die Zeit zur Ausführung eines Zeitbausteins. Der häufiger verwendete Begriff "Leistungsgrad" berechnet sich damit aus dem hier verwendeten Leistungsfaktor nach der Formel:

Leistungsgrad = 100 / Leistungsfaktor (Leistungsfaktor > 0)

Im Gegensatz zum Leistungsgrad ist der Zeitgrad eine betriebswirtschaftliche Kennzahl, die rechnerisch für eine zurückliegende Periode berechnet wird /66, S. 431/. Im Zusammenhang mit der Simulation wird jedoch eine Kennzahl benötigt, die das zu erwartende Leistungsverhalten der Mitarbeiter beschreibt. Deshalb soll im Rahmen dieser Arbeit der Begriff "Leistungsgrad" verwendet werden.

Die Zeit zur Ausführung einer bestimmten Arbeit wird durch Zeitbaustein und Leistungsfaktor damit nicht in allen Fällen ausreichend genau beschrieben. Bei wiederholter Ausführung gleicher oder ähnlicher Arbeiten unter konstanten Arbeitsbedingungen kommt es zu einer Leistungsverbesserung durch Üben. Weitere Einflußfaktoren wie Ermüdung, Tagesrhythmik oder erhöhte Leistungsbereitschaft können Leistungsveränderungen bewirken. Sie werden durch charakteristische Kurven, Verläufe oder statistische Verteilungen beschrieben /89, S. 136 ff.; 92/. Im Gegensatz zum Leistungsfaktor sind diese Einflußfaktoren nicht direkt von Modellelementen oder Elementarvorgängen abhängig und stellen für das Modell damit exogene Einflüsse dar.

Die zur Ausführung eines Elementarvorgangs im Modell tatsächlich benötigte Ausführungszeit berechnet sich damit für jede manuelle Tätigkeit aus der Formel:

Ausführungszeit = Zeitbaustein · Leistungsfaktor · Exogenfaktor

Der Exogenfaktor seinerseits ist das Produkt aus den Einflußfaktoren, die betrachtet werden sollen. Sollen keine exogenen Leistungsfaktoren berücksichtigt werden, ist der Exogenfaktor eins. Jeder Einflußfaktor wird für sich berechnet und muß damit von anderen Einflußfaktoren unabhängig sein. Mehrere voneinander abhängige Einflußfaktoren müssen (z.B. mit Hilfe einer Formel) zu einem Einflußfaktor zusammengefaßt werden. Damit ergibt sich für den Exogenfaktor folgende Formel:

$$EX = \begin{cases} 1 & \text{für } n = 0 \\ \prod_{i=1}^{n} EF_i & \text{für } n > 0 \end{cases} \qquad n \in \mathbb{N}_0$$

EX : Exogenfaktor
EF_i : i–ter Einflußfaktor
n : Anzahl der Einflußfaktoren

3.4 Montagesystemelemente als eigenständige Prozesse

Durch die Zuordnung von Arbeitsaufgaben zum Ort der Arbeitserfüllung, repräsentiert durch Element und Zeitbausteine, sind die an jedem Modellelement ablaufenden Elementarvorgänge vorgegeben. Da diese Elementarvorgänge in aller Regel nicht gleichzeitig ablaufen können, liegt es nahe, jedes Element als eigenständigen Prozeß zu betrachten. Die einzelnen Elemente sind jedoch nicht vollständig voneinander unabhängig. Dies bedeutet, daß sich diese an sich unabhängigen elementbezogenen Prozesse entsprechend synchronisieren müssen, um Elementarvorgänge ausführen zu können, die mehrere Elemente tangieren. Im allgemeinen ist für die Ausführung einer solchen Prozeßsynchronisation neben dem Vorhandensein aller beteiligten Modellelemente eine zulässige Zustandskombination Voraussetzung. Ein Werker kann beispielsweise nur an einem nicht gestörten (intakten) und korrekt gerüsteten Arbeitsplatz einen Montagevorgang durchführen.

Am Beispiel eines Bearbeitungsvorgangs an einem Arbeitsplatz soll diese Betrachtungsweise veranschaulicht werden. Bild 11 zeigt die für die Ausführung eines Bearbeitungsvorgangs notwendigen Synchronisationsbeziehungen mit seinen "benachbarten" Elementen. An dem Arbeitsplatz soll ein Werkstück aus dem Vorpuffer und eine Baugruppe aus dem Behälter entnommen werden. Nach Ablauf der für diese Montagetätigkeit vorgegebenen Zeit wird das komplettierte Werkstück im Folgepuffer abgelegt. An dem manuellen Arbeitsplatz kann dieser Vorgang nur ablaufen, wenn ein Mitarbeiter an diesem Arbeitsplatz zur Verfügung steht. Ferner muß im Vorpuffer ein Werkstück und im Behälter eine Baugruppe vorhanden sein. Des weiteren darf keines der beteiligten Elemente "gestört" sein.

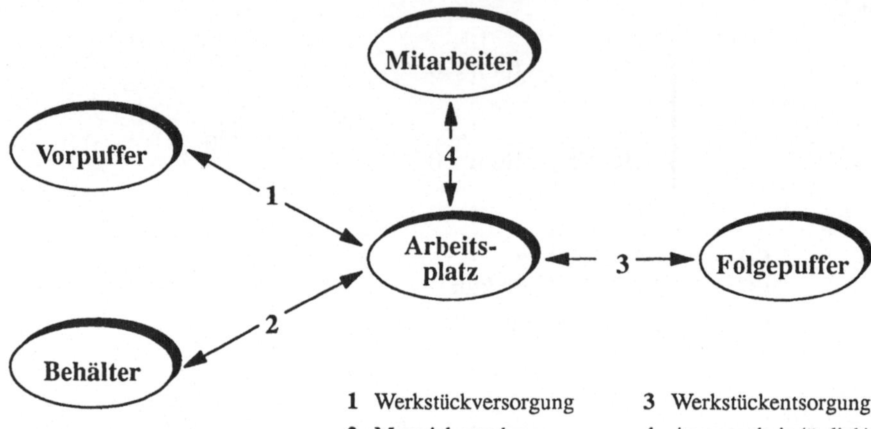

Bild 11: Synchronisationsbedarf eines Arbeitsplatzprozesses mit anderen Elementprozessen zur Ausführung eines Montagevorgangs (Beispiel)

Um jedes Montagesystemelement als eigenständigen Prozeß betrachten zu können, müssen zunächst die intern in den einzelnen Elementen ablaufenden Vorgänge definiert werden. Daraus leiten sich die zwischen verschiedenen Elementen notwendigen Synchronisationsbeziehungen ab. Die internen Abläufe in den Elementen umfassen Zustandsfolgen wie

- holen, bearbeiten, weitergeben von Arbeitsgegenständen an Arbeitsplätzen,
- Störung und Instandsetzen von Betriebsmitteln und
- ankommen bzw. verlassen des Montagesystems von Mitarbeitern bei Arbeitsbeginn bzw. –ende.

Diese internen Vorgänge können mittelbar auf andere Elemente wirken. Verläßt ein Mitarbeiter beispielsweise einen Arbeitsplatz, muß der dort im Augenblick ablaufende Vorgang unterbrochen werden. Die wichtigsten Synchronisationsbeziehungen sind:

- Ankommen bzw. Verlassen eines Arbeitsplatzes durch einen Mitarbeiter
- Weitergabe von Arbeitsgegenständen zwischen Arbeitsplätzen, Puffern, Transportbehältern und Lägern

- o Aufnehmen und Abstellen von Transportbehältern an Transportanschlüssen durch Transportmittel
- o ausschließliches Benützen von Transportstrecken durch Transportmittel
- o Unterbrechung aller genannten Vorgänge durch Störung eines der "beteiligten" Elemente

3.5 Synchronisation paralleler Prozesse mit Hilfe von Petri–Netzen

Zum Vermeiden unzulässiger Zustandskombinationen und zum exakten Festlegen der Elementarvorgänge muß ein Hilfsmittel eingesetzt werden, das es ermöglicht, jedes Element als eigenständigen elementaren Prozeß zu betrachten, der mit anderen kommuniziert. Zur Modellierung solcher paralleler Prozesse sollen Petri–Netze eingesetzt werden.

Petri–Netze besitzen die Eigenschaft, Nebenläufigkeiten, d.h. asynchrone parallele Vorgänge, einfach und übersichtlich darzustellen. Zur Modellierung von Datenstrukturen, sequentiell ablaufenden Algorithmen und Entscheidungsregeln müssen jedoch andere Hilfsmittel (z.B. Jackson Methode, Flußdiagramme) eingesetzt werden /84/.

3.5.1 Elemente und Funktionsweise von Petri–Netzen

Im folgenden wird ein kurzer Überblick über die Elemente und Funktionsweise von Petri–Netzen gegeben. Eine ausführliche Darstellung von Petri–Netzen ist z.B. in /12, 93/ zu finden.

Die Stellen (places) sind Bedingungen oder Zustände, die dann gelten, wenn die betreffende Stelle mit einer Marke (token) versehen ist. Die Transitionen (Zustandsübergänge) und Stellen sind über Markenpfade (Pfeile) verbunden. Eingangsstellen einer Transition sind alle Stellen, von denen ein Markenpfad zur Transition existiert; Ausgangsstellen einer Transition sind dabei alle Stellen, von denen ein Markenpfad von der Transition zur betreffenden Stelle existiert. Beim Ausführen (schalten, feuern) einer Transition wird von jeder Eingangsstelle eine Marke entfernt und auf jede Ausgangsstelle eine Marke hinzugefügt.

Bild 12 zeigt ein Petri–Netz vor und nach dem Schalten der Transition t2. Dabei wird von den Stellen s1 und s2 jeweils eine Marke entfernt und an der Stelle s3 eine Marke hinzugefügt. Der Schaltvorgang benötigt keine Zeit, d.h. es gibt keine Zwischenzustände bei denen beispielsweise bereits alle Marken entfernt, aber noch keine Marken hinzugefügt wurden.

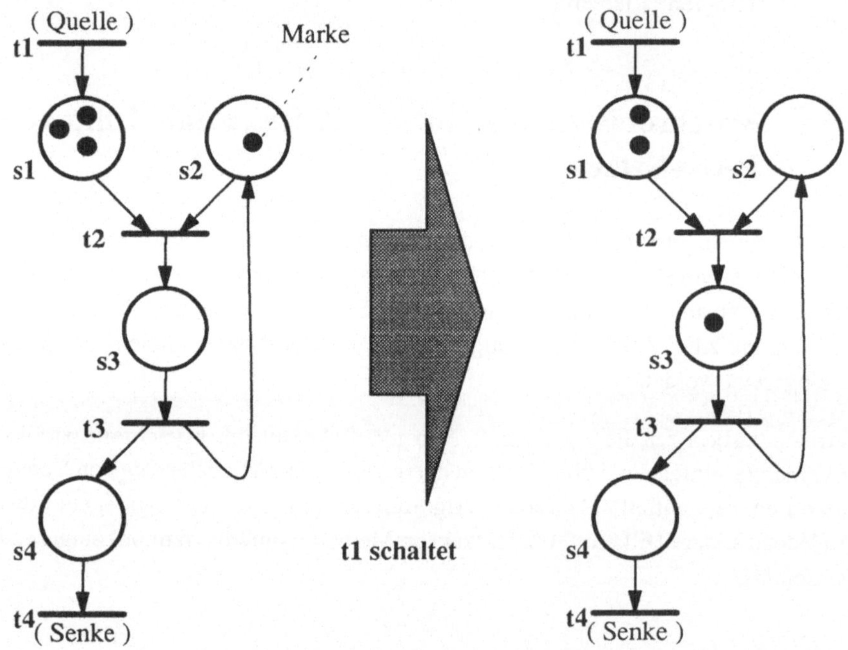

Bild 12: Schaltvorgang in einem Petri–Netz (Beispiel)

Uninterpretierte Petri–Netze wie in Bild 12 dienen als Grundlage zur Analyse der mathematischen Eigenschaften des Netz–Modells, während interpretierte Petri–Netze zur anschaulichen Darstellung und als Programmiervorgabe verwendet werden. Bild 13 zeigt als Interpretation des Petri–Netzes aus Bild 12 das Bearbeiten von Werkstücken an einer Maschine. Der beschriebene Schaltvorgang der Transition t2 stellt den Beginn der Bearbeitung eines Werkstücks dar, der nur ausgeführt werden kann, falls mindestens ein Werkstück im Vorpuffer vorhanden und die Maschine selbst frei ist.

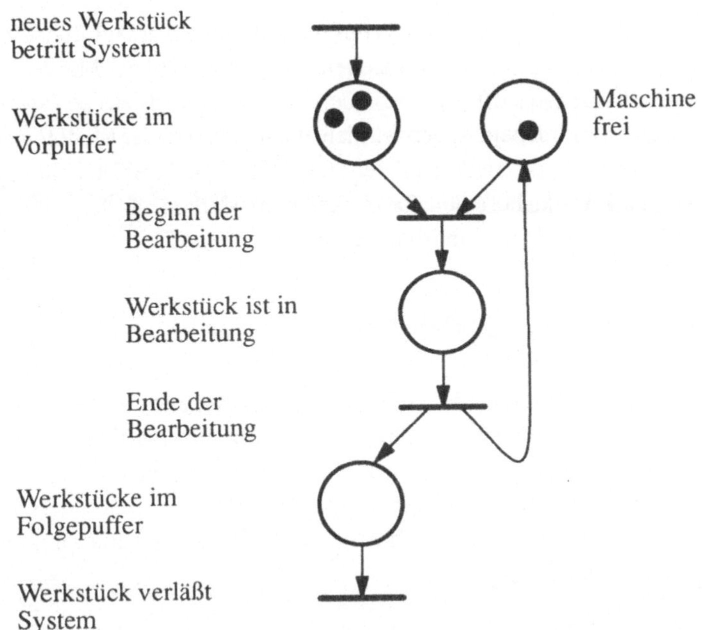

Bild 13: Interpretiertes Petri–Netz (Beispiel)

3.5.2 Forderungen an die elementaren Petri–Netze

Folgende Forderungen werden an die elementaren Petri–Netze zur Beschreibung ereignisorientierter Systeme gestellt /94, S. 56–58/:

Erreichbarkeit: Alle markierten Stellen, die Zustände darstellen, müssen von einer vorgegebenen Anfangs–Markierung erreichbar sein.

Lebendigkeit: Alle Transitionen des Petri–Netzes müssen immer wieder aktiviert werden können (Deadlock–Freiheit).

Beschränktheit: Die Anzahl der Marken auf jeder Stelle des Petri–Netzes darf nicht über eine Obergrenze ansteigen können.

Die Erreichbarkeit aller Zustände und Lebendigkeit aller Transitionen (Zustandsübergänge) gewährleistet, daß alle Elementarvorgänge grundsätzlich ausgeführt und beliebig oft wiederholt werden können. Die Lebendigkeit eines Netzes verhindert den Aktionsstillstand in einem System /95/, im vorliegenden Fall die des Simulationssystems. An allen Stellen des Petri–Netzes, die eine Aussage über einen Zustand eines Montagesystemelements machen, darf die Anzahl der Marken auf dieser Stelle nur 0 (Aussage trifft nicht zu) oder 1 (Aussage trifft zu) betragen. Zwei oder mehr Marken an solchen Stellen würden einen Fehler in der Modellierung anzeigen. So darf sich beispielsweise auf der Stelle "Maschine frei" in Bild 13 immer nur höchstens eine Marke befinden. Zwei oder mehr Marken würden mit der Interpretation "Maschine frei" keinen Sinn ergeben.

3.5.3 Erweiterung der Petri–Netz–Symbolik

In den folgenden Abschnitten wird auf Basis der klassischen eine erweiterte Petri–Netz–Symbolik vorgestellt und definiert, die im Rahmen der vorliegenden Aufgabenstellung die Übersichtlichkeit und Aussagekraft umfangreicher Petri–Netze erhöht und die Interpretation erleichtert. Diese Vorarbeit ist insbesondere im Hinblick auf die in Kapitel 3.6 vorzunehmende Darstellung und Interpretation des Funktionsmodells notwendig.

Hierzu werden zunächst durch Gegenüberstellung mit den vier klassischen Netzelementen Transition, Stelle, Markenpfad und Marke neue Symbole definiert (Bild 14). Diese Erweiterungen repräsentieren dabei in allen Fällen die zugeordneten klassischen Netzelemente. Damit kann ein Netz in erweiterter Darstellung eindeutig in ein klassisches Netz überführt werden. Dies ist notwendig, da in der Literatur vorliegende Aussagen über Erreichbarkeit, Lebendigkeit und Beschränktheit aus klassischen Netzen übernommen werden sollen.

Erweiterte Darstellung		klassische Darstellung	
Symbol	Bedeutung	Netzelement	Symbol
	Ereignis	Transition	
	Zustand (trifft nicht zu)	Stelle (ohne Marke)	
	Zustand (trifft zu)	Stelle (mit Marke)	
	Hilfszustand	Stelle	
	Meta–Stelle	Stelle	
	Markenpfad (einfach)	Markenpfad	
	Markenpfad eines Zustandszyklusses	Markenpfad	
	Verzweigung eines Markenpfades	2 Markenpfade	
	Verschmelzung eines Markenpfades	2 Markenpfade	
	Markenpfad in beide Richtungen	2 Markenpfade	
	Konnektor zu anderen Teilnetzen	Markenpfad	

Bild 14: Symbole der klassischen und erweiterten Petri–Netz–Darstellung

Ein Ereignis beschreibt einen Zustandsübergang im Funktionsmodell. Es wird als Kasten dargestellt, der den Namen enthält.

Das Symbol für eine Stelle "**Zustand**" erhält ebenfalls einen Namen. Ein Zustand trifft zu, falls diese Stelle mit genau einer Marke versehen ist, und trifft nicht zu, falls keine Marke vorhanden ist. Mehr als eine Marke auf dieser Stelle ist nicht zulässig. Dies muß durch den Aufbau des Petri–Netzes sichergestellt werden.

Ein **Hilfszustand** enthält ebenfalls höchstens eine Marke. Im Gegensatz zu einem Zustand ist hier eine Marke nur für die Zeitdauer null zulässig, d.h. befindet sich eine Marke auf einem Hilfszustand, so muß diese durch das sofortige Schalten einer Transition wieder weggenommen werden. Hilfszustände sind bisweilen notwendig, da zwei Ereignisse (Transitionen) nicht direkt aufeinander folgen dürfen.

Eine **Meta–Stelle** /81, S. 465/ stellt die Verknüpfung der elementaren Petri–Netze zu einer übergeordneten Steuerung dar. Jede Marke auf einer Meta–Stelle repräsentiert dabei eine Entscheidung. Bild 15 zeigt die Steuerung eines Petri–Netzes durch 3 Meta–Stellen, die die Entscheidungen

links, d.h. ein bearbeitetes Werkstück am Arbeitplatz geht in den linken Puffer,

rechts, d.h. ein bearbeitetes Werkstück am Arbeitsplatz geht in den rechten Puffer, und

stop, d.h. ein bearbeitetes Werkstück bleibt am Arbeitsplatz liegen,

zuläßt. Falls auf keiner Meta–Stelle eine Marke liegt, kann eine Weitergabe von Werkstücken nicht erfolgen: Das Netz ist tot, d.h. keine Transition kann schalten. So kann beispielsweise die Transition t3 in Bild 15 nur dann schalten, wenn

- o der linke Puffer noch mindestens einen freien Platz hat (trifft zu),
- o am Arbeitsplatz ein bearbeitetes Werkstück vorhanden ist (trifft zu) und
- o eine Entscheidung "links" vorliegt (trifft nicht zu).

Aus dem Petri–Netz in Bild 15 kann ebenfalls entnommen werden, daß, falls t3 schaltet, t4 nicht mehr schalten kann und daß umgekehrt, falls t4 schaltet, t3 nicht mehr schalten kann: Zwischen t3 und t4 besteht ein **Konflikt** /94, S. 19/. Solche Konflikte können mit Hilfe von Meta–Stellen vermieden werden, falls immer nur höchstens eine Meta–Stelle mit einer Marke versehen ist. Dies bedeutet, daß immer genau eine Entscheidung zu einem bestimmten Zeitpunkt in Hinblick auf die Konfliktfreiheit zulässig und im Hinblick auf die Lebendigkeit nötig ist.

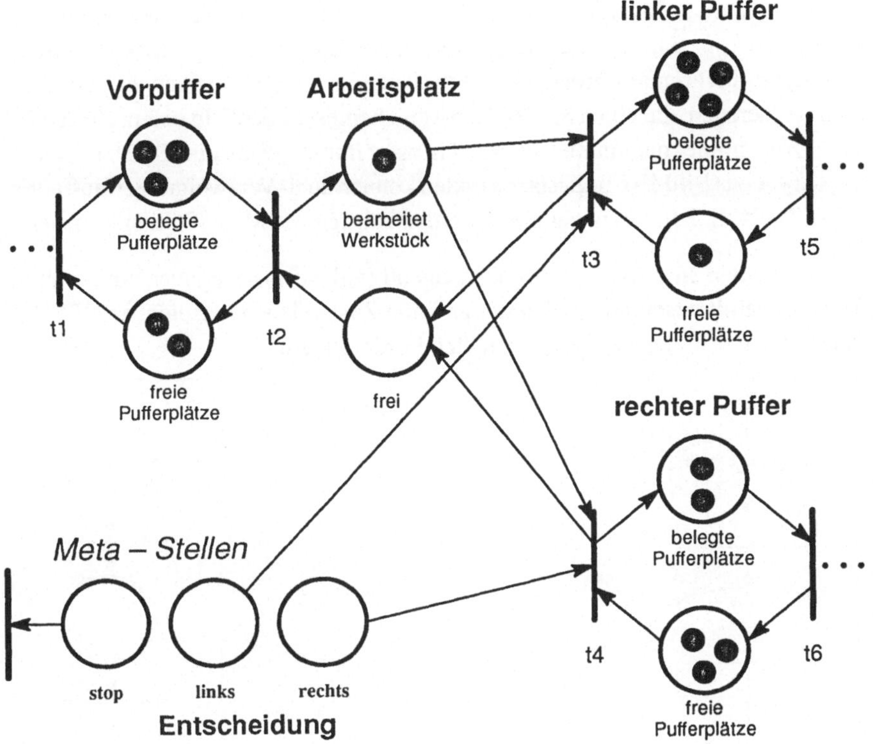

Bild 15: Steuerung einer alternativen Weitergabe von Werkstücken mit Hilfe von Meta–Stellen in klassischer Darstellung

3.5.4 Basiskomponenten zum Aufbau der elementaren Petri–Netze

Die elementaren Petri–Netze werden aus Basiskomponenten zusammengesetzt, die die gestellten Forderungen erfüllen bzw. nicht stören. Die wichtigste Komponente zum Aufbau der elementaren Petri–Netze des Simulationsmodells stellen **Zustandszyklen** dar (vgl. Simple Elementary Circuit in /96/, S. 45). Sie spiegeln Eigenschaften von Montagesystemelementen wider, die sich zyklisch wiederholen, z.B. holen, bearbeiten, weitergeben eines Werkstücks an einem Arbeitsplatz. Aus Sicht der Petri–Netz Theorie stellen solche Zustandszyklen eine besonders einfache **S–Invariante** dar /94, S. 90/.

Eine elementare S–Invariante ist eine Menge von Stellen, bei der die Gesamtzahl der Marken konstant bleibt, gleichgültig welche Transitionen schalten. Die Marken einer S–Invariante werden also weder "erzeugt" noch " verbraucht", sondern nur zwischen den einzelnen Stellen "hin– und hergeschoben". In einem Zustandszyklus trifft immer nur ein Zustand zu, d.h. es ist immer genau eine Stelle mit einer Marke besetzt (Bild 16). In Zustandszyklen können auch Verzweigungen auftreten (Bild 17) /94, S. 34/. Verzweigungen werden häufig über Meta–Stellen gesteuert.

Zustandszyklen sind stark zusammenhängend (vgl. strongly connected T–Net in /97/) und damit beschränkt, lebendig und alle Zustände sind erreichbar /97/. Zustandszyklen erfüllen damit die gestellten Forderungen.

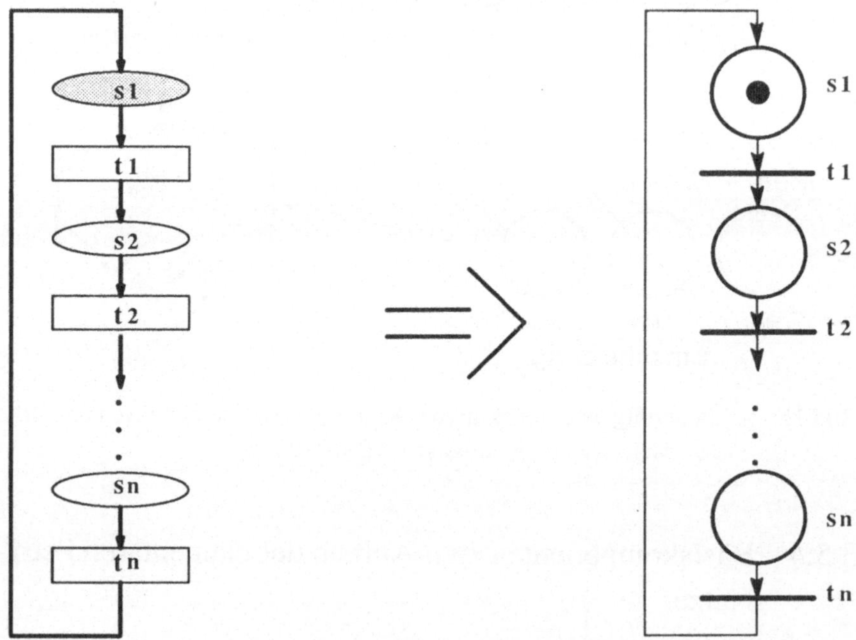

Bild 16: Einfacher Zustandszyklus in erweiterter und klassischer Darstellung

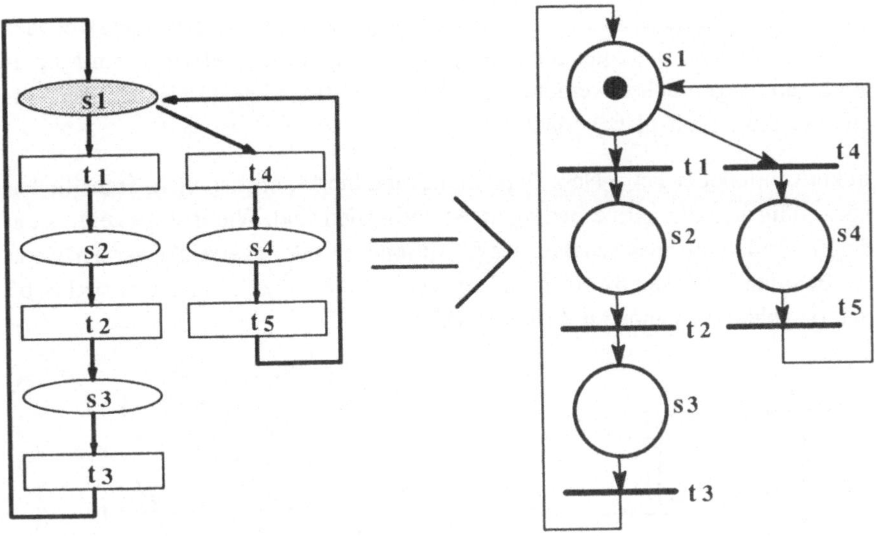

Bild 17: Beispiel für einen verzweigten Zustandszyklus in erweiterter und klassischer Darstellung

Zur Synchronisation von Zustandszyklen werden häufig **Bedingungen** benötigt, um Ereignisse nur in Abhängigkeit von bestimmten Zuständen ablaufen lassen zu können. Bild 18 zeigt eine Bedingung, in der die Transition t nur ausgeführt werden kann, falls die Stelle s eine Marke enthält. Durch das Schalten der Transition t wird die Anzahl der Marken nicht verändert (s und t gehören zu unterschiedlichen Zustandszyklen). Erreichbarkeit und vor allem Lebendigkeit von mit Bedingungen verknüpften Zustandszyklen müssen dagegen im Einzelfall nachgewiesen werden, falls zwei oder mehr Zustandszyklen wechselseitig mit Bedingungen verknüpft sind. Bedingungen sollen deshalb lediglich in einer strengen Hierarchie von Zustandszyklen verwendet werden.

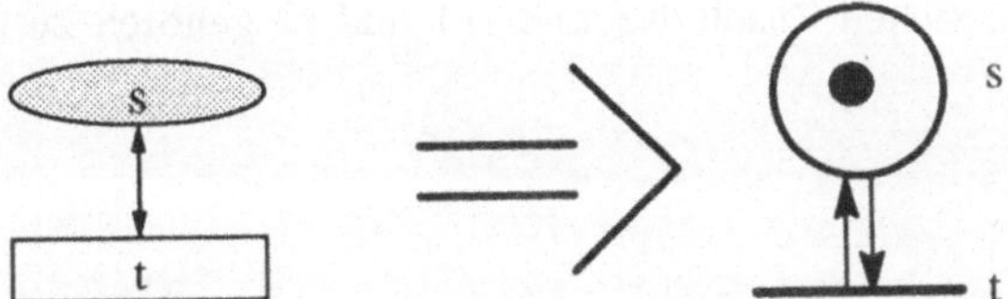

Bild 18: Bedingungen in erweiterter und klassischer Darstellung

Oder– Bedingungen /96, S. 57/ werden benötigt, wenn ein Vorgang von zwei oder mehr alternativen Bedingungen abhängig ist. So muß beispielsweise ein Montagevorgang abgebrochen werden, wenn das Betriebsmittel gestört ist oder der Mitarbeiter den Arbeitsplatz verläßt.

In konventioneller Petri–Netz Darstellung sind hierfür ebenso viele Transitionen notwendig wie alternative Bedingungen vorhanden sind. Wie Bild 19 zeigt, kann der Zustand s2 über das Schalten der Transitionen t1 oder t2 erreicht werden, wenn die Bedingung b1 oder b2 gilt. s1, s2 und t gehören zum selben Zustandszyklus. b1 und b2 gehören zu anderen Zustandszyklen.

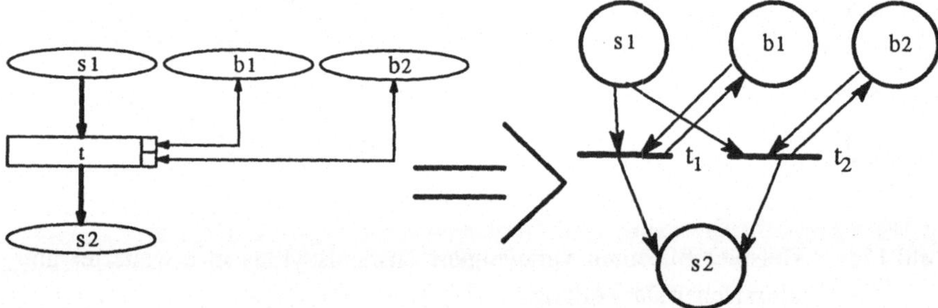

Bild 19: Oder– Bedingung in erweiterter und klassischer Darstellung

Eine weitere Basiskomponente sind **Aktivierungspfade**, mit deren Hilfe mehrere Zustandszyklen einen anderen steuern können (vgl. "Synchronized Resource Usage" in /96/, S. 57, 58). So kann beispielsweise ein Montagevorgang an einem Arbeitsplatz erst beginnen, wenn alle Teile, die für diesen Vorgang benötigt werden, vorhanden sind. Im Gegensatz zu Bedingungen werden temporäre Marken erzeugt.

In Bild 20 werden von den Transitionen t1 und t2 jeweils eine Marke auf den Hilfsstellen s1 bzw. s2 erzeugt. t3 kann erst schalten, wenn t1 und t2 jeweils mit einer Marke versehen sind. Die Zustandszyklen, zu denen t1 und t2 gehören, können zum Zeitpunkt des Schaltens von t3 bereits weitergeschaltet sein. Beim Schalten von t3 werden die temporären Marken auf s1 und s2 vernichtet. t1, t2 und t3 gehören jeweils zu unterschiedlichen Zustandszyklen. s1 und s2 gehören zu keinem Zustandszyklus.

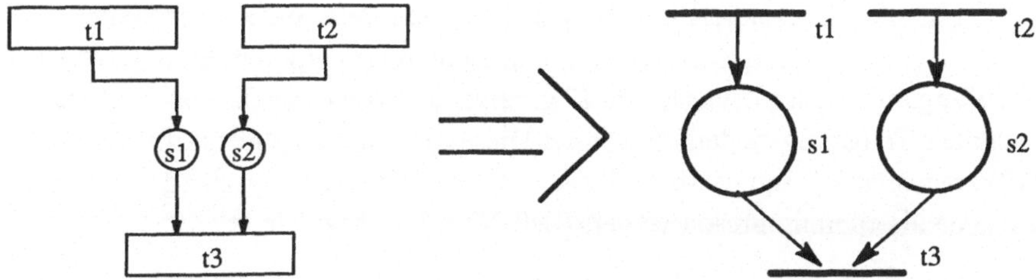

Bild 20: Aktivierungspfad in erweiterter und klassischer Darstellung

Jeder Zustandszyklus enthält mindestens eine durch **Meta–Stellen** gesteuerte Transition. Sie dienen als Hilfskonstruktion zur Steuerung der elementaren Petri–Netze. Transitionen, die zum Schalten eine Marke aus einer Meta–Stelle benötigen, repräsentieren wesentliche Ereignisse oder Entscheidungen wie Störung, Rüsten oder Arbeitsplatzwechsel. Bild 21 zeigt eine durch eine Meta–Stelle sm gesteuerte Transition t. s1, s2 und t gehören zum selben Zustandszyklus. sm gehört zu keinem Zustandszyklus.

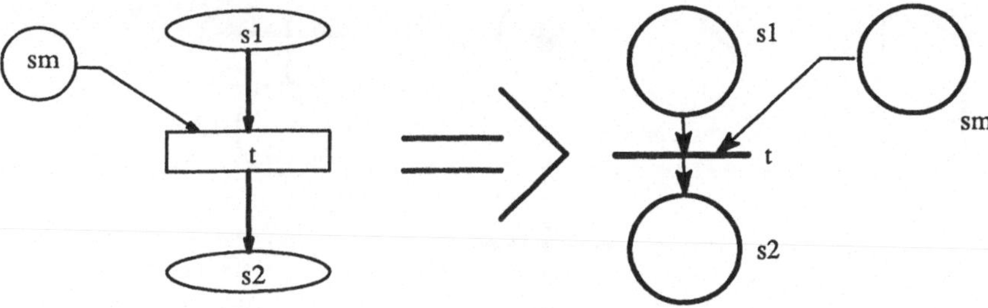

Bild 21: Meta–Stelle in erweiterter und klassischer Darstellung

Die Lebendigkeit von Zustandszyklen werden durch Meta–Stellen entscheidend beeinflußt. Wird keine Meta–Stelle mehr mit einer Marke versehen, d.h. es wird keine Entscheidung mehr getroffen, so ist das Netz binnen kurz oder lang tot.

3.5.5 Behandlung zeitbehafteter Vorgänge

Zeitbehaftete Vorgänge können nicht ohne Einschränkung dargestellt werden /94, S. 43/, da die Syntax der Petri–Netze das zeitlose Schalten einer Transition vorschreibt /11/. Durch ein Petri–Netz kann damit lediglich die zeitliche Ordnung kausal bedingter Ereignisse und nicht etwa die Reihenfolge parallel eintretender Ereignisse vorgeschrieben werden. Da somit für das Verharren von Marken auf Stellen keine zeitlichen Vorgaben existieren – auch wenn eine Transition im Nachbereich aktiviert ist –, können zeitbehaftete Vorgänge in einem Petri–Netz durch Stellen abgebildet werden, die den Zustand "Vorgang läuft" repräsentieren. Start und Ende dieser Vorgänge müssen, wie in Bild 22 gezeigt, durch eine jeweils vor– und nachgeschaltete Transition modelliert werden. Diese Art von Petri–Netzen, bei der aktive ("Vorgang läuft") und passive ("Ruhezustände") Stellen unterschieden werden, wird auch als operation/resource nets (O/R Nets /98/) bezeichnet.

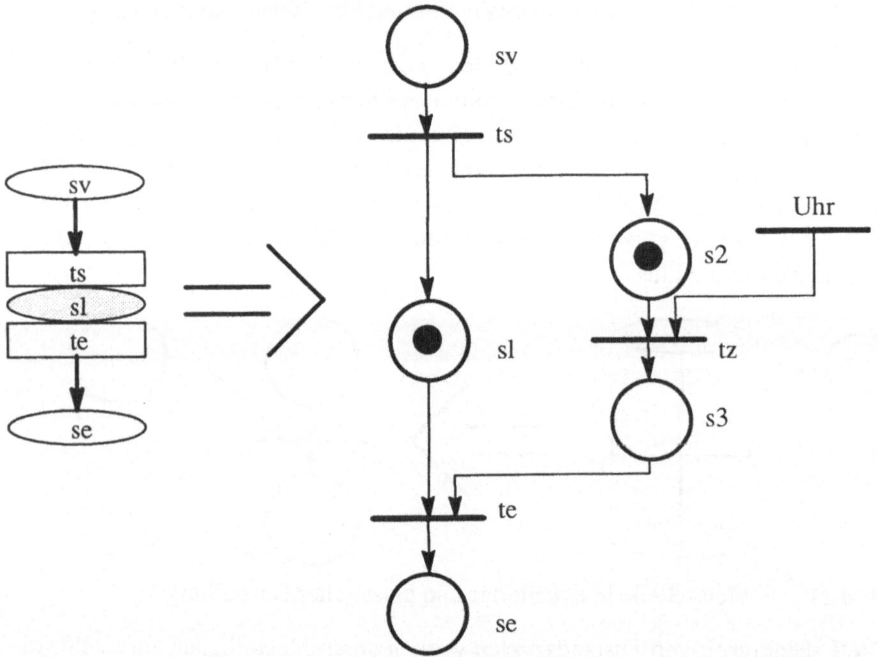

Bild 22: Zeitbehafteter Vorgang in erweiterter und klassischer Darstellung

Ein zeitbehafteter Vorgang wird damit in zwei nicht–zeitbehaftete Ereignisse ts ("Start") und te ("Ende") und einen zeitbehafteten Zustand sl ("läuft") untergliedert. Beim Start eines zeitbehafteten Vorgangs wird von der Transition ts an einer Stelle s1 und s2 eine Marke erzeugt, die das Vormerken eines Ereignisses repräsentiert. Das Eintreten des Ereignisses tz ("Zeit abgelaufen") wird durch eine Transition "Uhr" ausgelöst, indem nach Ablauf der vorgesehenen Zeit eine Marke auf der Hilfsstelle s3 erzeugt wird. Für das Schalten von te sind keine weiteren Bedingungen zulässig, d.h. te darf außer den beiden in Bild 22 gezeigten Markenpfaden keine weiteren Pfade besitzen, die das Schalten von te vereiteln könnten.

In der im folgenden zugrunde liegenden erweiterten Notation wird das in Bild 22 dargestellte Symbol für einen zeitbehafteten Vorgang verwendet. sv, ts, sl, te und se sind dabei stets drei direkt aufeinanderfolgende Elemente in einem Zustandszyklus. Damit die geforderten Eigenschaften der elementaren Petri–Netze erfüllt werden können, wird an dieser Stelle auf die Darstellung von s2, tz, s3 und der Uhr verzichtet.

Einige zeitbehaftete Vorgänge im Montagemodell können durch Eintritt eines anderen Ereignisses unterbrochen und später fortgesetzt werden. Bild 23 zeigt das vereinfachte Symbol eines unterbrechbaren zeitbehafteten Vorgangs. So kann beispielsweise ein Montagevorgang durch den Eintritt einer Störung oder falls der Mitarbeiter seinen gegenwärtigen Arbeitsplatz verläßt, unterbrochen werden. Die verbleibende Montagezeit muß nach Fortsetzung des Vorgangs weiter "abgearbeitet" werden.

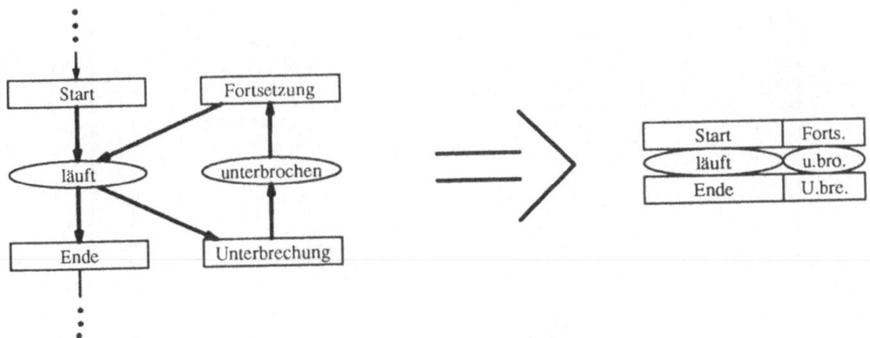

Bild 23: Vereinfachung des Symbols für einen unterbrechbaren zeitbehafteten Vorgang

Im Simulationsmodell ist die Transition "Uhr" die das ganze Netz übergreifende zeitliche Synchronisationskomponente (Simulationsuhr). Die Ausführung der Zeitberechnung und Zeitverwaltung wird im Modell damit zentral ausgeführt (für alle Elemente läuft dieselbe Simulationsuhr). Die programmtechnische Realisierung einer Simulationsuhr ist einfach, mit Petri–Netzen aber nicht darstellbar. Die zentrale Zeitverwaltung in einem ereignisorientierten Modell wird durch die Ereignisverwaltung wahrgenommen. Sie hat folgende Aufgaben:

- o Diskontinuierliches Fortschalten der Simulationsuhr
- o Ausführen des jeweils frühesten Ereignisses

- o Vormerken von Ereignissen in einer chronologischen Liste der künftigen Ereignisse beim Start von Vorgängen. Die Ausführungszeit berechnet sich dabei nach der Formel in Kap. 3.3.3.
- o Aussetzen von künftigen Ereignissen beim Eintreten einer Unterbrechung. Dabei muß das Ereignis aus der chronologischen Liste der künftigen Ereignisse herausgenommen, die Restbearbeitungszeit berechnet und gespeichert und in die Liste der ausgesetzten Ereignisse eingereiht werden.
- o Fortführen von unterbrochenen Vorgängen

Bild 24 zeigt die Modellierung der Ereignisverwaltung mit Petri–Netzen. Die Ereignisverwaltung im Modell verwaltet alle zeitbehafteten Vorgänge.

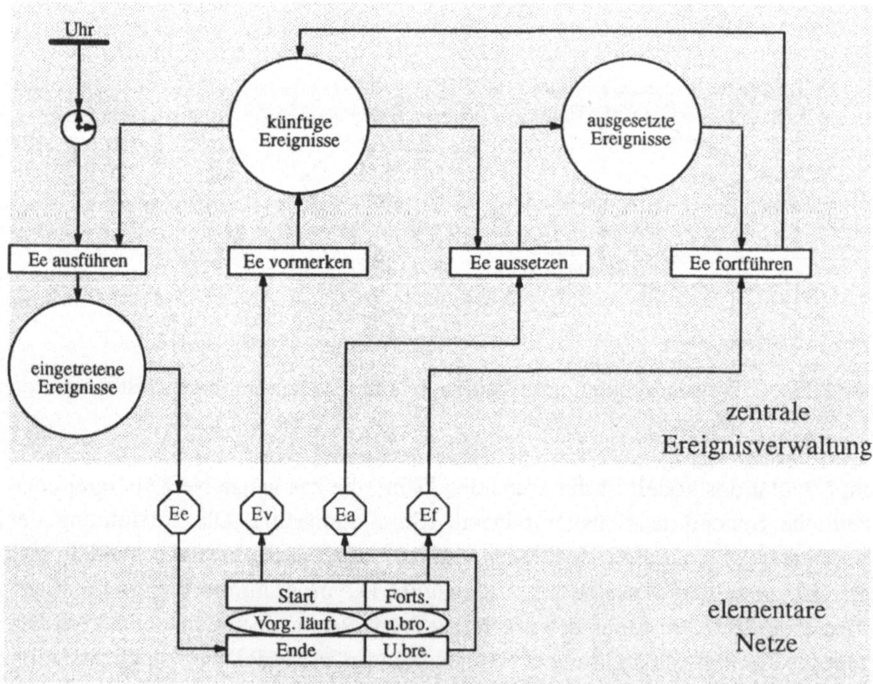

Bild 24: Synchronisation der Unterbrechung und Fortsetzung von Tätigkeiten durch die Ereignisverwaltung

Hier wurde versucht, das Problem so weit wie möglich mit Petri–Netzen darzustellen, obwohl folgende Eigenschaften nur verbal beschreibbar sind:

- o Das Schalten der Transition "Uhr" erfolgt zeitgesteuert.
- o Die Stelle "künftige Ereignisse" repräsentiert eine chronologische Liste.
- o Die Ereignisse sind Montagesystemelementen zugeordnet.

3.6 Darstellung des Funktionsmodells mit Petri–Netzen

3.6.1 Aufbau und Interpretation des Mitarbeiter–Netzes

Das elementare Petri–Netz eines Mitarbeiters im Montagemodell besteht aus einem unabhängigen und einem abhängigen Zustandszyklus (Bild 25). Der unabhängige Zustandszyklus beschreibt das Grundverhalten des Mitarbeiters mit folgenden Zuständen:

abwesend:	der Mitarbeiter befindet sich nicht im Arbeitssystem
anwesend:	der Mitarbeiter befindet sich im Arbeitssystem
gehen:	der Mitarbeiter wechselt gerade seinen Arbeitsort
angekommen:	der Mitarbeiter befindet sich an einem Betriebsmittel

Durch Schalten der über Meta–Stellen (ab, ae) gesteuerten Transitionen "Arbeitsbeginn" und "Arbeitsende" wird der Mitarbeiter im Modellsystem anwesend bzw. abwesend. Ebenfalls über eine Meta–Stelle (gs) wird ein Arbeitsplatzwechsel ausgelöst. Ist ein Mitarbeiter im Modell beispielsweise an einem Arbeitsplatz angekommen, steht seine Arbeitskraft dort zur Verfügung (Arbeit vorhanden). Verläßt ein Mitarbeiter durch eine "Gehen Start" (gs) Entscheidung das Betriebsmittel wieder, fehlt dort die Arbeit für alle manuellen Tätigkeiten (Arbeit fehlt). Diese Synchronisation zwischen dem Mitarbeiter–Netz und dem Netz des Betriebsmittels erfolgt über die Konnektoren Af und Av.

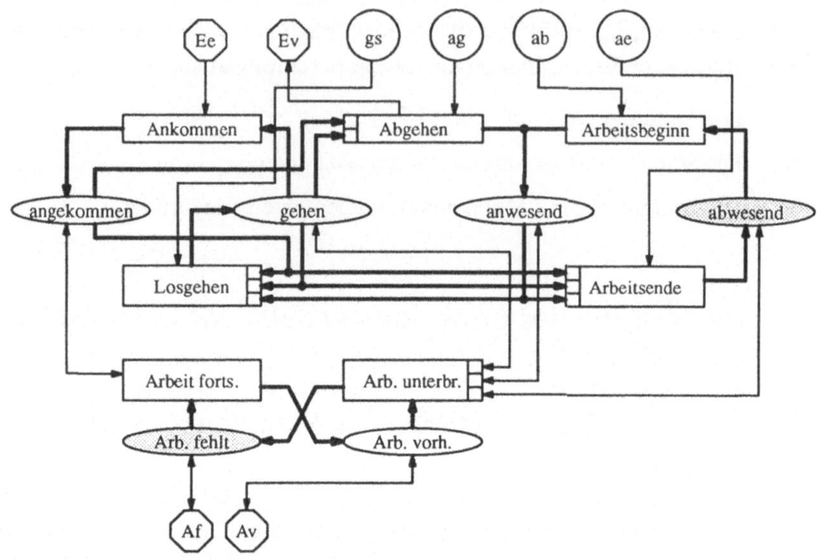

Bild 25: Petri–Netz eines Mitarbeiters

3.6.2 Aufbau und Interpretation des Arbeitsplatz–Netzes

An einen Arbeitsplatz im Montagemodell können die Tätigkeiten montieren, rüsten und instandsetzen ablaufen (vgl. Bild 11). Für die Durchführung eines Montagevorgangs soll vorausgesetzt werden, daß alle für diesen Vorgang benötigten Teile aus vorgelagerten Puffern, Behältern oder Arbeitsplätzen "geholt" worden sind. Nach Ablauf des zeitbehafteten Vorgangs "montieren" werden alle montierten Teile in nachgelagerte Puffer, Behälter oder an Arbeitsplätze "gebracht". Nach Erreichen dieses Grundzustandes kann sich ein weiterer Montagezyklus anschließen oder aber ein Rüstvorgang ausgeführt werden (Bild 26).

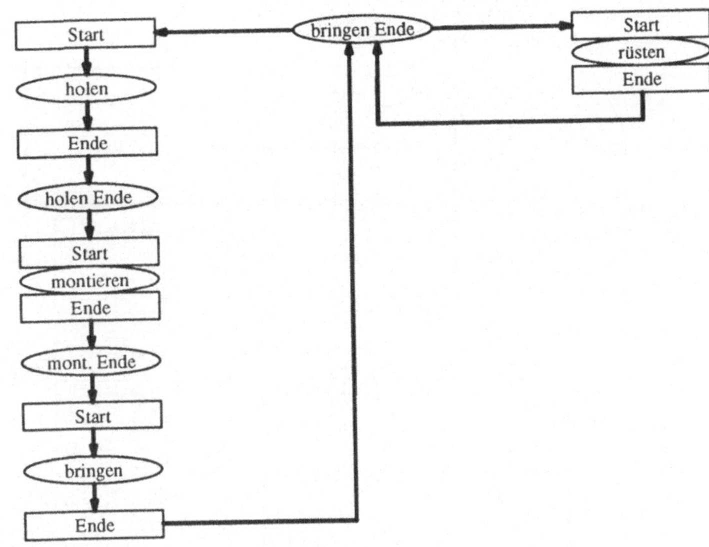

Bild 26: Montage–Rüst–Zyklus

Der Instandsetz–Zyklus (Bild 27) wird durch Eintreten einer Störung ausgelöst. Das Beheben einer Störung wird als zeitbehafteter Vorgang unter der Bezeichnung "instandsetzen" betrachtet. Die Dauer einer Störung ist damit nicht vorherbestimmt, sondern nur die Dauer des ausgelösten Instandsetzvorgangs.

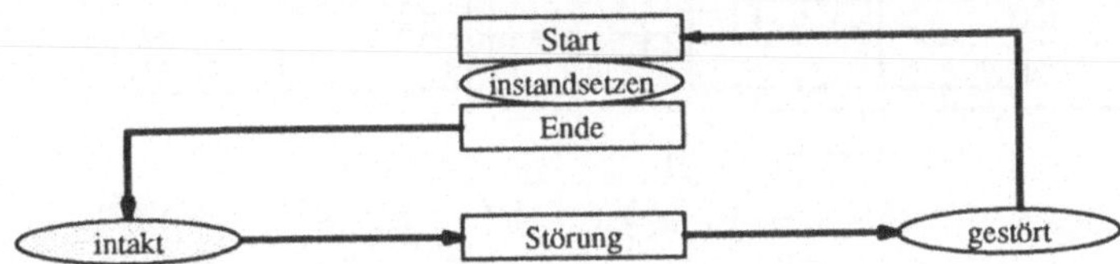

Bild 27: Instandsetz–Zyklus

Bild 28 zeigt das elementare Petri–Netz eines Arbeitsplatzes, das aus den in Kap. 3.5.4 dargestellten Basiskomponenten zusammengesetzt wurde. Der Montage–Rüst–Zyklus sowie der Instandsetz–Zyklus sind als fettgedruckte Markenpfade dargestellt.

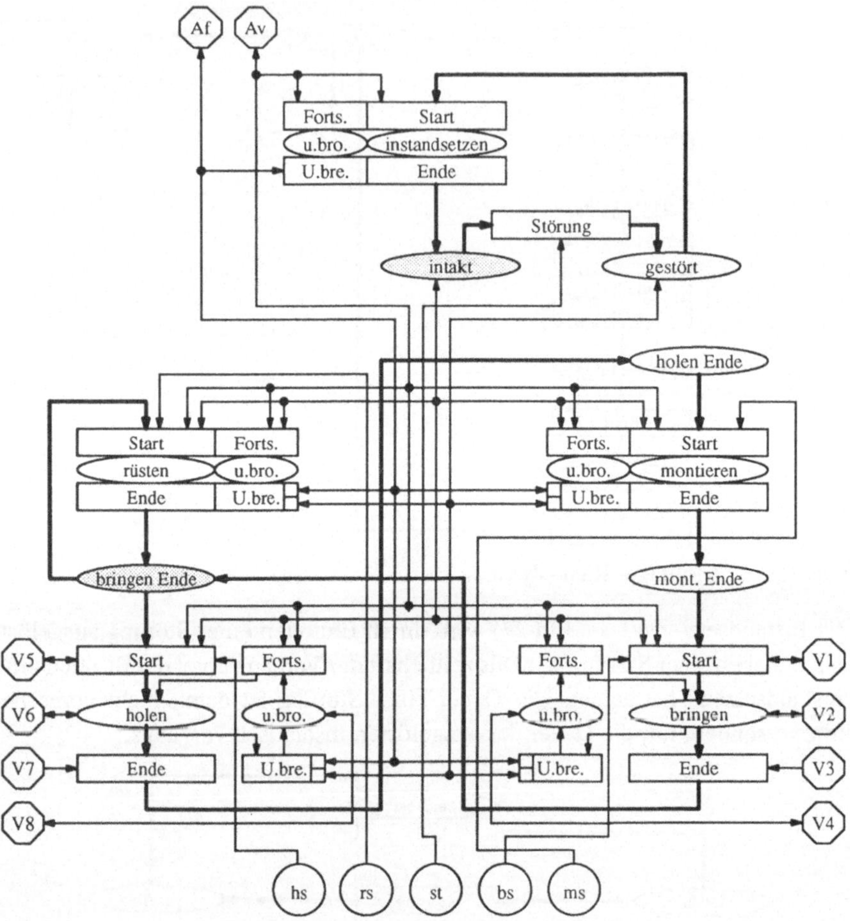

Bild 28: Petri–Netz eines Arbeitsplatzes

Die Konnektoren V5 bis V8 sind Synchronisationspfade zu den vorgelagerten Verkettungen, V1 bis V4 zu den nachgelagerten Verkettungen und Af und Av zum Mitarbeiter–Netz.

Die wesentlichen Merkmale des Arbeitsplatz–Netzes sind:

o Alle "Start"– und "Fortsetzen"–Transitionen können nur ausgeführt werden, wenn "Arbeit vorhanden" (Av) ist. Das heißt, ein Mitarbeiter muß an dem betreffenden Arbeitsplatz anwesend und für die jeweilige Tätigkeit qualifiziert sein. Kann ein Vorgang automatisch ablaufen, entfällt diese Bedingung.

- o Alle "Unterbrechen"–Transitionen können umgekehrt durch fehlende Arbeit (Af) oder im Montage–Rüst–Zyklus durch eine Störung ausgelöst werden.
- o Alle "Ende"–Transitionen werden entweder von der Ereignisverwaltung (rüsten, montieren, instandsetzen) oder von den Verkettungsnetzen (V3, V7) ausgelöst.
- o Alle "Start"–Transitionen im Montage–Rüst–Zyklus sind über Meta–Stellen gesteuert, d.h. es müssen Entscheidungen für holen, montieren, bringen und rüsten vorliegen.
- o Der Instandsetz–Zyklus wird durch die Entscheidung "Störung" ausgelöst.
- o Eine Störung kann immer ausgelöst werden, es sei denn, es liegt bereits eine Störung vor (keine Störung der Störung).

Durch die Modellierung des Petri–Netzes eines Arbeitsplatzes wird der hybride Charakter des Montagemodells deutlich: Kein wesentlicher Vorgang kann ohne Mitarbeiter ausgeführt werden. Falls ein automatischer Zeitbaustein ausgeführt werden soll, entfallen alle Markenpfade zu den Konnektoren Af und Av.

3.6.3 Weitergabe von Arbeitsgegenständen

Die Weitergabe von Arbeitsgegenständen im Montagemodell beschreibt beispielsweise folgende Vorgänge bzw. Tätigkeiten:

- o Entnahme/Ablegen von Teilen aus/in Behältern
- o Entnahme/Ablegen von Teilen aus/in Puffern
- o Weitertransportieren von Werkstückträgern
- o Benutzung von Vorrichtungen und Werkzeugen

Mit Hilfe des Systemelements "Verkettung" kann im Montagemodell ein Arbeitsgegenstand von einem Betriebsmittel zum nächsten "bewegt" werden. Dieser Vorgang läuft in den folgenden drei Phasen ab, die jeweils mit einer Zeit behaftet sind:

entsorgen: das Werkstück verläßt das "Vorbetriebsmittel",

schieben: das Werkstück ist unterwegs und

versorgen: das Werkstück kommt am "Folgebetriebsmittel" an.

In Bild 29 ist dieser Zustandszyklus als dickere Linie dargestellt. Die Verkettung muß sich dazu mit den Vor– und Folgebetriebsmitteln synchronisieren (V1 – V4, B1 bzw. V5 – V8, B2). B1 und B2 dienen zur Synchronisation der Verkettung mit Transportbehältern und werden später erläutert.

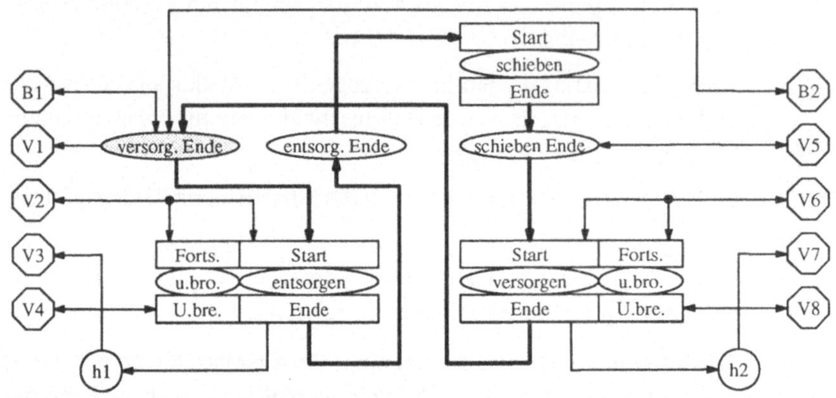

Bild 29: Petri–Netz einer Verkettung

In Bild 30 ist die Synchronisation der Weitergabe von Arbeitsgegenständen zwischen Arbeitsplatz und Verkettung als Ausschnitt aus beiden Netzen dargestellt.

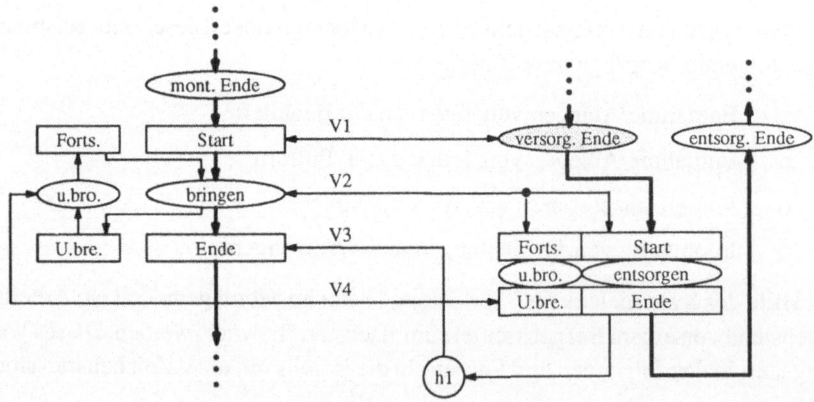

Bild 30: Synchronisation des "Bringen"–Vorgangs zwischen Arbeitsplatz und Verkettung

Der "Bringen"–Vorgang läuft in folgenden Schritten ab:

1. Schalten der Transition "Bringen–Start" nach "Montieren–Ende" am Arbeitsplatz, falls "Versorgen–Ende" der Verkettung vorliegt (V1).
2. Schalten der Transition "Entsorgen–Start" an der Verkettung, denn jetzt gilt der Zustand "bringen" am Arbeitsplatz (V2).
3. Der zeitbehaftete Vorgang "entsorgen" an der Verkettung läuft.
4. Wird der Zustand "bringen" am Arbeitsplatz unterbrochen (z.B. wegen einer Störung), so wird der Vorgang "entsorgen" an der Verkettung ebenfalls unterbrochen (V4).
5. Wird der Zustand "bringen" am Arbeitsplatz fortgesetzt, so wird der Vorgang "entsorgen" an der Verkettung ebenfalls fortgesetzt (V2).
6. Die Transition "Entsorgen–Ende" schaltet gesteuert durch die Ereignisverwaltung. Die Hilfsstelle h1 erhält dabei eine temporäre Marke.
7. Die Transition "Bringen–Ende" am Arbeitsplatz schaltet (V3).

Die Schritte 4 und 5 werden nur bei einer Unterbrechung ausgeführt.

Sind bei einem "Bringen"–Vorgang mehrere Verkettungen beteiligt, so sind auf der rechten Seite mehrere Verkettungs–Netze vorhanden. Bild 31 zeigt die Modellierung des "Bringen"–Vorgangs mit 3 beteiligten Verkettungen. Sie wird benötigt, wenn beispielsweise ein Werkstückträger und je eine linke und rechte Gehäusehälfte weitergegeben werden müssen. Die beschriebenen Schritte 1 – 7 bleiben dabei erhalten. Sie werden, soweit sie nicht den Arbeitsplatz betreffen, für jede Verkettung ausgeführt.

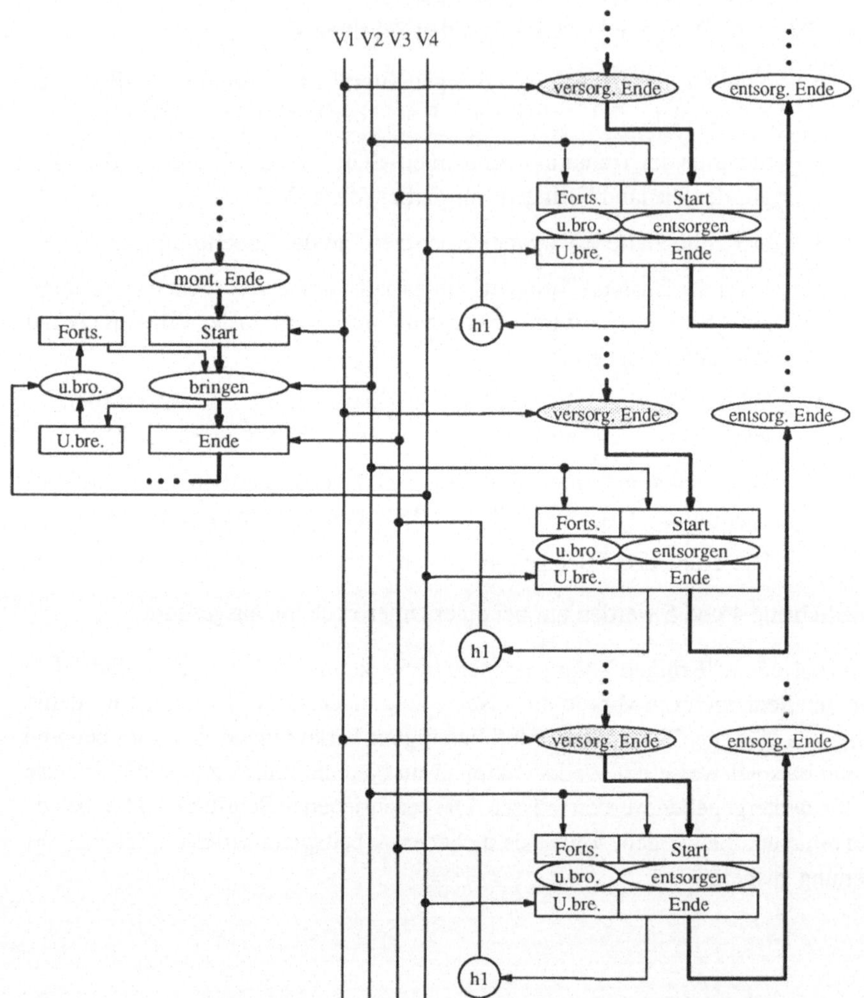

Bild 31: Synchronisation des Vorgangs "Bringen" zwischen Arbeitsplatz und drei Verkettungen

3.6.4 Aufbau und Interpretation der Netze von Puffern, Lägern, Behältern und Transportmitteln

Der Instandsetz–Zyklus der weiteren Betriebsmittel Puffer, Lager, Transportbehälter und Transportmittel ist mit dem des Arbeitsplatzes identisch. Puffer, Lager und Transportbehälter können Arbeitsgegenstände speichern und haben deshalb dieselben Speicherzyklen. Ausgehend vom Grundzustand "Ende", können Hol– oder Bringvorgänge ausgeführt werden. Die Synchronisation dieser Vorgänge mit der Verkettung erfolgt wie beim Arbeitsplatz. Puffer und Transportbehälter können zusätzlich umgerüstet werden. Die elementaren Petri–Netze von Puffern, Lägern und Transportbehältern sind in Bild 32, 33 und 34 dargestellt.

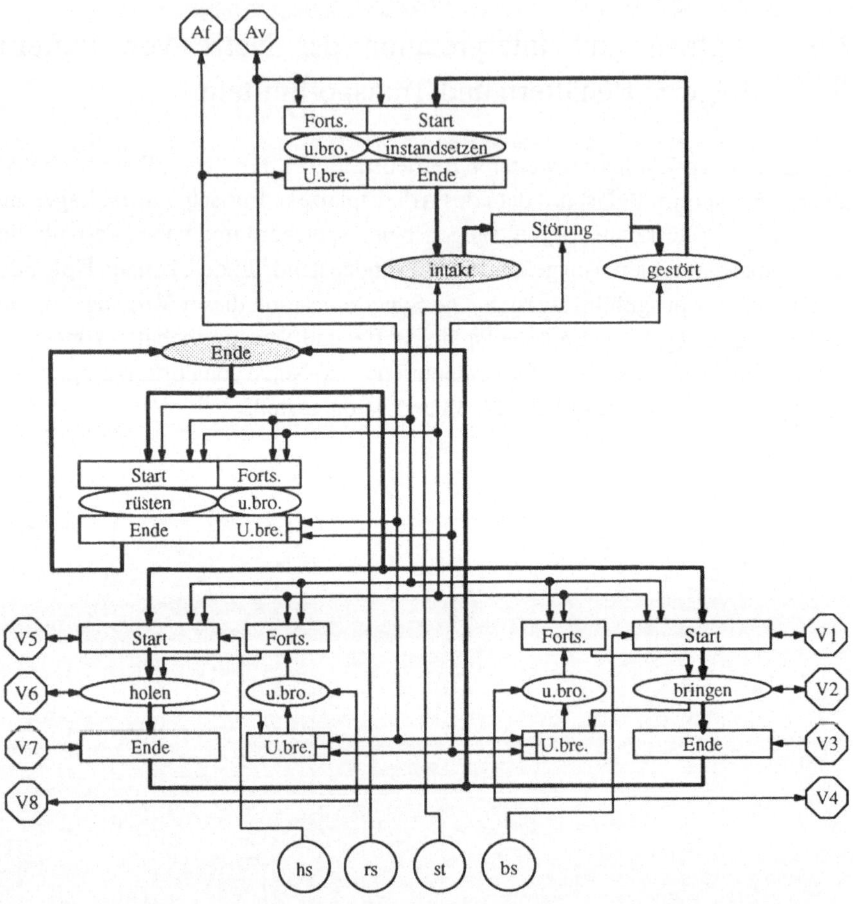

Bild 32: Petri–Netz eines Puffers

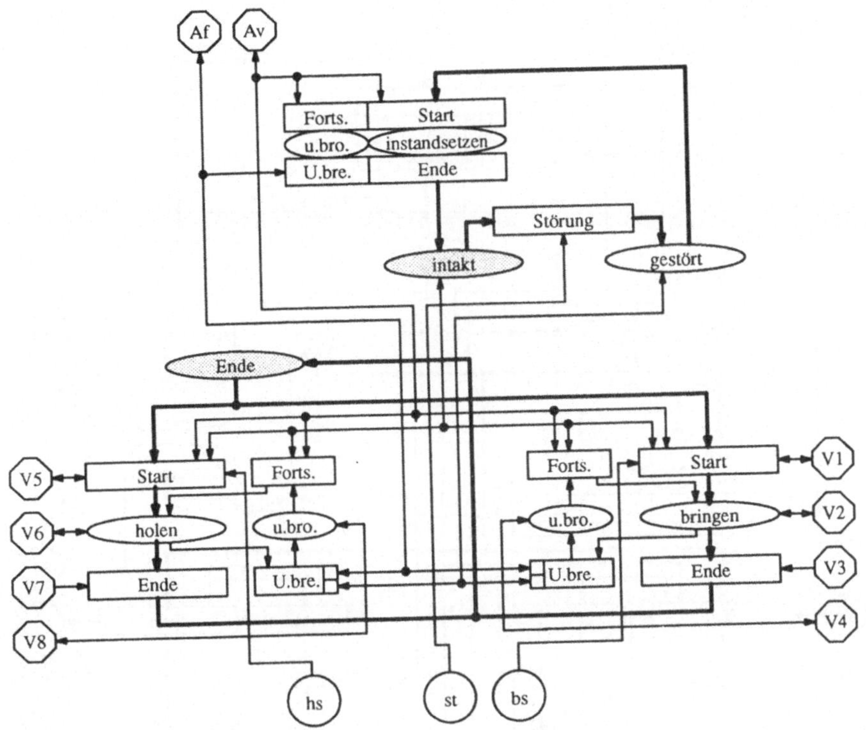

Bild 33: Petri–Netz eines Lagers

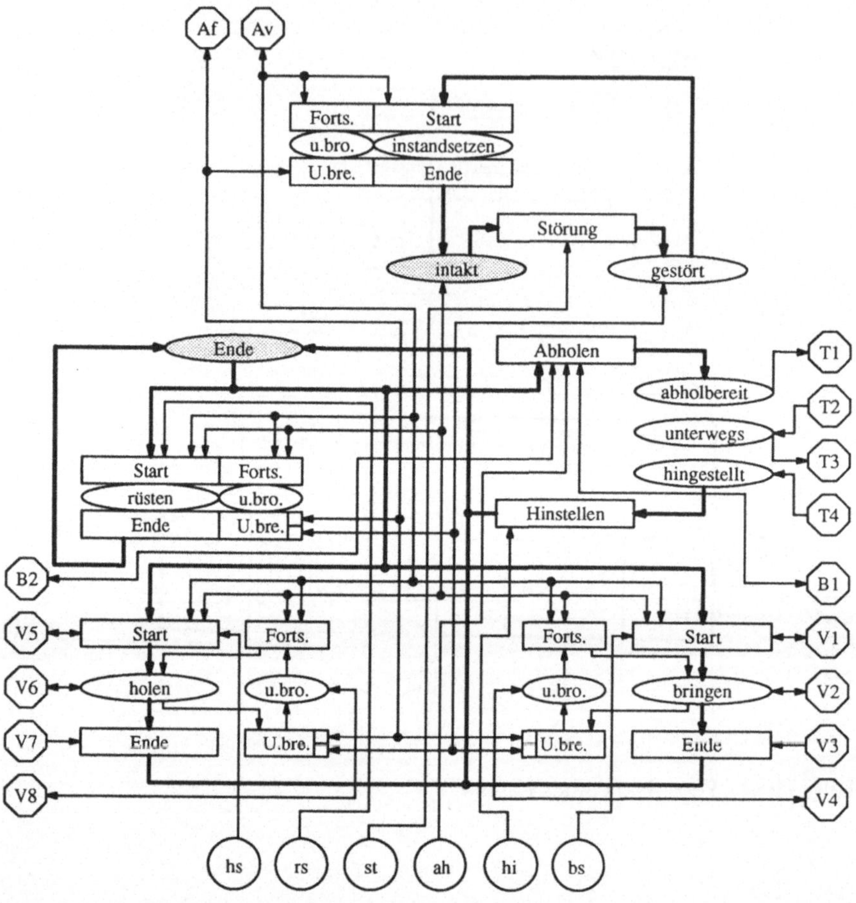

Bild 34: Petri–Netz eines Transportbehälters

Das Modellelement Transportmittel übernimmt die Aufgabe, Transportbehälter über ein vorgegebenes Transportnetz zu bewegen. Die Knoten im Transportnetz sind Transportanschlüsse, die Kanten Transportstrecken. Jeder Transportstrecke ist eine Fahrzeit hinterlegt, die ein Transportmittel auf dieser Strecke benötigt. Transportbehälter können vom Transportmittel nur an Transportanschlüssen abgestellt oder aufgenommen werden. Diese Vorgänge sind ebenfalls zeitbehaftet.

Bild 35 zeigt das Petri–Netz des Transportmittels.

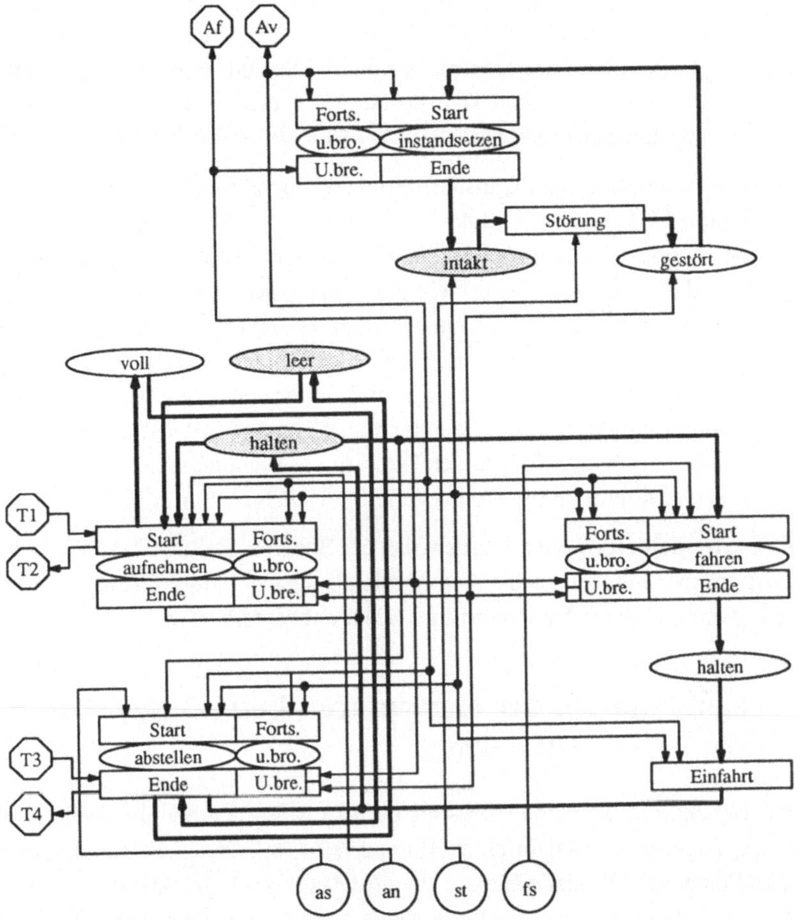

Bild 35: Petri–Netz eines Transportmittels

Ausgehend vom Grundzustand "halten", können folgende Vorgänge eingeleitet werden:

aufnehmen: Aufnehmen eines Transportbehälters, falls das Transportmittel gerade "leer" ist.

abstellen: Abstellen eines Transportbehälters, falls das Transportmittel gerade "voll" ist.

fahren: Befahren einer Transportstrecke. Ist nach Ablauf der Fahrzeit beim Schalten der Transition "Fahren–Ende" der nachfolgende Transportanschluß durch ein anderes Transportmittel belegt, verbleibt das Transportmittel im Zustand "warten". Die Einfahrt in den nächsten Transportanschluß erfolgt, wenn dieser wieder frei geworden ist.

Die Synchronisation zwischen Transportmittel und –behälter erfolgt über die Konnektoren T1 bis T4. Zunächst wird der Behälter über die Transition "Abholen" in den Zustand "abholbereit" versetzt. Dabei wird durch die Konnektoren B1 und B2 sichergestellt, daß keine Verkettung mehr aktiv und damit kein Arbeitsgegenstand mehr zum Behälter unterwegs ist. Danach erhält das Transportmittel über T1 die Freigabe der Transition "Aufnehmen–Start". Beim Schalten von "Aufnehmen–Start" wird der Behälter über T2 in den Zustand "unterwegs" gesetzt. Beim Schalten von "Abstellen–Ende" wird der Behälter über T3 und T4 in den Zustand "hingestellt" geschaltet. Nach dem "Hinstellen" kommt der Behälter wieder in den Ausgangszustand und nimmt damit wieder seine Speicherfunktion wahr.

Durch diese Modellierung wird deutlich, daß der Behälter, nachdem er abholbereit am Transportanschluß steht, seine Autonomie als eigenständiger Prozeß so lange verliert, bis er von einem Transportmittel wieder abgestellt wird.

3.7 Kombination der elementaren Petri–Netz–Strukturen zu Modellsystemen

Die beschriebenen elementaren Petri–Netze sind jeweils einem individuellen Modellelement zugeordnet. Erst durch die Eingabe eines speziellen Montagemodells durch den Planer mit all seinen Elementen wird das endgültige, simulationsfähige Petri–Netz aufgebaut. Dieses dann vorliegende, umfassende Petri–Netz weist auch während eines Simulationslaufs einen dynamischen Charakter auf, denn das Petri–Netz muß bei einigen Vorgängen geändert werden. Dies ist speziell beim Mitarbeiter und beim Transportbehälter der Fall, die ihren Aufenthaltsort während der laufenden Simulation ändern können. Das Gesamtnetz eines Modellsystems kann also nur zu einem bestimmten Zeitpunkt eines bestimmten Modells konkret aufgezeichnet und dargestellt werden.

Bild 36 zeigt das Gesamtnetz des Modellsystems aus Bild 11. Zusätzlich zu den 5 Netzen der Grundelemente aus Bild 11 (Mitarbeiter, Arbeitsplatz, Behälter, Vor- und Folgepuffer) sind zur Darstellung der Werkstückweitergabe 3 Verkettungsnetze erforderlich. Da das in Bild 36 dargestellte Netz bereits aus weit über 100 Transitionen und Stellen besteht, sind die elementaren Netze der einzelnen Elemente lediglich als Rechteck dargestellt. Auf die Darstellung der Ereignisverwaltung und der Meta–Stellen wurde verzichtet. Die Konnektoren Av und Af verbinden Mitarbeiter– und Arbeitsplatz–Netz; V1–V4 verbinden das Behälter–Netz mit dem Netz der Verkettung VK2. Das Gesamtnetz impliziert dadurch, daß sich der Mitarbeiter am Arbeitsplatz befindet und der Behälter an der Verkettung VK2 abgestellt ist. Verließe der Mitarbeiter den Arbeitsplatz, würde ggf. der dort laufende manuelle Vorgang unterbrochen und dann die Markenpfade, die über die Konnektoren Af und Av führen, aufgelöst.

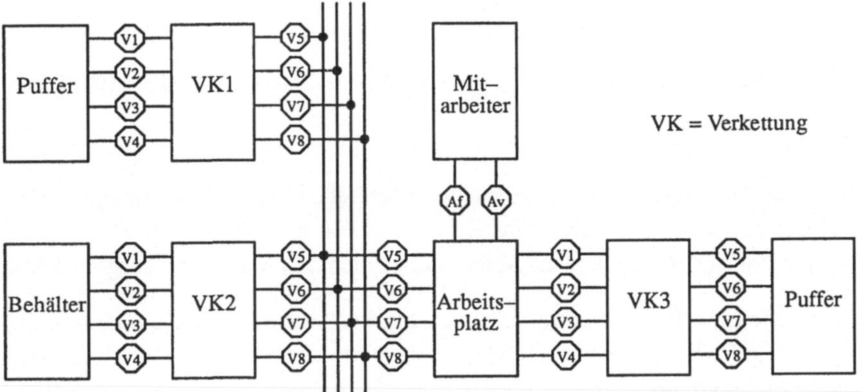

Bild 36: Gesamtnetz eines einfachen Modellsystems (vgl. Bild 11)

4 Entscheidungssystem

Das in diesem Kapitel beschriebene Entscheidungssystem ist über die bereits erwähnten Meta–Stellen mit dem Basissystem verknüpft. Diese Schnittstelle erlaubt es, das Entscheidungssystem unabhängig vom Basissystem zu betrachten. Ferner ist es möglich, das im folgenden beschriebene Entscheidungssystem gegen ein anderes auszutauschen. Dies wäre beispielsweise dann nötig, wenn das Verhalten spezieller technischer Komponenten (zum Beispiel Montagebänder eines bestimmten Herstellers) abgebildet werden soll. Das hier vorgestellte Entscheidungssystem ist sehr allgemein und deshalb für viele Anwendungsfälle einsetzbar.

4.1 Schnittstelle zwischen Basis– und Entscheidungssystem

Werden die Meta–Stellen in die Betrachtung der Lebendigkeit der elementaren Petri–Netze einbezogen, so kann festgestellt werden, daß binnen kurzer Zeit alle Transitionen "tot" sind, wenn die Meta–Stellen nicht mit Marken versorgt werden.

Wie die Meta–Stellen mit entsprechenden Marken versorgt werden, ist durch dic elementaren Petri–Netze somit nicht festgelegt. Sie können sowohl durch den Benutzer des Simulationssystems interaktiv als auch durch geeignete Rechenalgorithmen erzeugt werden (vgl. Bild 7). Aus Sicht des Basissystems besteht die in Bild 37 gezeigte Schnittstelle aus einer Hilfsstelle h, die den Entscheidungsdisponenten dadurch aktiviert, daß nach dem Schalten einer beliebigen Transition auf h eine Marke abgelegt wird. Der Entscheidungsdisponent seinerseits legt gegebenenfalls seine Entscheidung als Marke auf der entsprechenden Meta–Stelle ab. Der Entscheidungsdisponent ist damit eine Transition, die zu einem Unternetz verfeinert werden kann /12, S. 67 ff/.

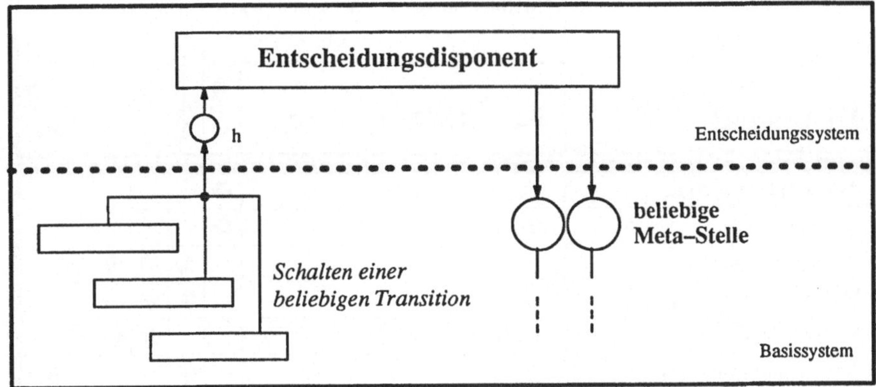

Bild 37: Schnittstelle zwischen Basis– und Entscheidungssystem

Das Entscheidungssystem besteht aus Einzeldisponenten, die ebenso wie die elementaren Petri–Netze jeweils einem Montagesystemelement zugeordnet sind. Jeder Disponent erfüllt dabei die Aufgabe, bestimmte Meta–Stellen mit Marken zu versorgen (Bild 38). In der Regel sind dies Meta–Stellen, die zu unterschiedlichen Modellelementen gehören und damit parallel schalten können. Diese Spezialisierung der Disponenten ermöglicht eine klare Ablaufstruktur, da häufig nur eine Art von Entscheidung sinnvoll ist. Damit muß in Kauf genommen werden, daß beispielsweise Mitarbeitern und Arbeitsplätzen meist mehrere (unterschiedliche) Disponenten zugeordnet werden müssen. Der Disponent für die Auftragsfreigabe bedient keine Meta–Stellen, da er Aufträgen zugeordnet ist, die nicht mit Petri–Netzen beschrieben werden.

Disponent	Bediente Meta-Stellen	Zuordenbare Montagesystemelemente: Mitarbeiter	Arbeitsplatz	Puffer	Behälter	Lager	Transportmittel
Arbeitsplatzwechsel	gs, ag	●					
Anwesenheit	ab, ae	●					
Materialversorgung	hs, rs		●	●	●	●	
Materialentsorgung	bs		●	●	●	●	
Materialfluß	hs, bs, rs			●	●	●	
Arbeitsgangauswahl	ms		●				
Fahrstreckenauswahl	fs						●
Abholung	ab, hi, as, an				●		
Störungserzeugung	st		●	●	●	●	●
Auftragsfreigabe	–						

Bild 38: Aufgaben der Entscheidungsdisponenten

4.2 Aufbau des Entscheidungssystems

Der Ablauf im Entscheidungssystem kann in 5 Schritte, im folgenden "Pässe" genannt, unterteilt werden (Bild 39). Dieser Ablauf ist bei allen Entscheidungsdisponenten identisch.

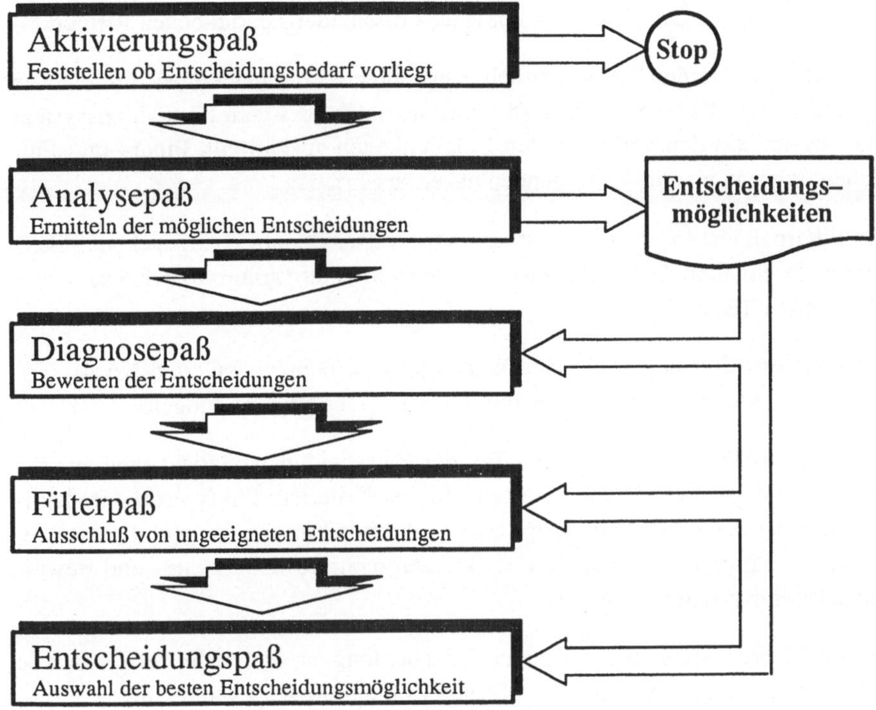

Bild 39: Ablauf im Entscheidungssystem

Im **Aktivierungspaß** wird zunächst geprüft, ob ein Entscheidungsbedarf im Rahmen der vom jeweiligen Disponenten wahrzunehmenden Aufgabe vorliegt. Hier wird beispielsweise sichergestellt, daß keine andere Entscheidung vorliegt und daß eine potentiell erzeugte Entscheidung auch sofort ausgeführt werden kann. Ist dies nicht der Fall, wird der Vorgang abgebrochen.

Im **Analysepaß** werden alle möglichen Entscheidungen ermittelt und in Form einer Entscheidungsliste abgelegt. So wird beispielsweise vom Personaleinsatzdisponenten eines Mitarbeiters eine Liste aller möglichen Einsatzorte des Mitarbeiters erzeugt und abgelegt.

Im **Diagnosepaß** wird die Entscheidungsliste durchgegangen und jede Möglichkeit beispielsweise anhand folgender Kriterien bewertet:

- Ist die betreffende Entscheidungsmöglichkeit generell ausführbar?
- Ist die betreffende Entscheidungsmöglichkeit sofort ausführbar?

Das Ergebnis der Diagnose wird bei jeder Entscheidungsmöglichkeit vermerkt.

Im **Filterpaß** werden "offensichtlich" ungeeignete Entscheidungen aus der Liste gestrichen. Im **Entscheidungspaß** wird interaktiv oder vom Simulationssystem die "beste" aus den verbleibenden Möglichkeiten ausgewählt. Filter– und Entscheidungspaß werden im folgenden näher beschrieben.

Im Filterpaß werden im allgemeinen mehrere vom Benutzer vorgegebene Filterstufen durchlaufen. Dabei können drei Arten von Filtern grundsätzlich unterschieden werden (Bild 40):

Bewertungsfilter lassen alle Entscheidungen passieren, verändern dabei aber deren Bewertungskenngrößen (z.B. die Prioritäten der Entscheidungen).

Reduktionsfilter entfernen einen Teil der Entscheidungsmöglichkeiten aus der Entscheidungsliste aufgrund unterschiedlicher Kriterien. Ein typischer Reduktionsfilter ist der Filter "Mindestpriorität", der nur Entscheidungen ab einer bestimmten Priorität passieren läßt. Es können mehrere Reduktions– und Bewertungsfilter durchlaufen werden.

Auswahlfilter lassen nur genau eine Entscheidung passieren, die beispielsweise auf Basis einer vom Rechner berechneten Zufallszahl ausgewählt wird.

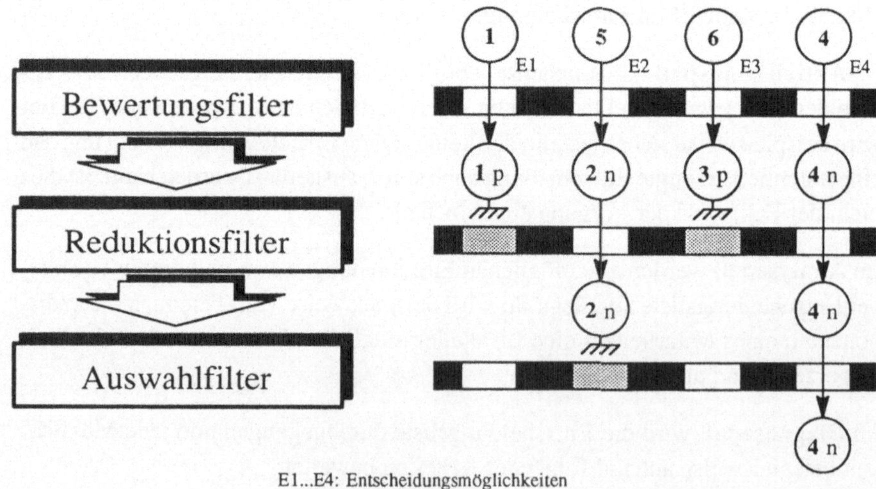

Bild 40: Ablauf der Entscheidungsfilterung

Im folgenden werden im einzelnen die zur Verfügung stehenden Filter, ihre Funktion und die dabei verwendeten Kenngrößen und Kriterien erläutert:

Bewertungsfilter:

I: Erhöhe Priorität der Entscheidungsmöglichkeit, die ein Verbleiben des Mitarbeiters am gegenwärtigen Arbeitsort beschreibt.

II: Erhöhe Priorität der Entscheidungsmöglichkeit entsprechend dem Füllstand der Vor- bzw. Folgepuffer.

III: Erhöhe Priorität der Entscheidungsmöglichkeiten, die Arbeitsplätze betreffen.

IV: Erhöhe Priorität der Entscheidungsmöglichkeit, die zu einem Transportziel führt.

Reduktionsfilter:

V: Lasse nur Entscheidungsmöglichkeiten zu, die sofort ausgeführt werden können.

VI: Lasse nur Entscheidungsmöglichkeiten zu, die eine vorgegebene Mindestpriorität besitzen.

VII: Lasse nur Entscheidungsmöglichkeiten zu, die die höchste Priorität haben (das können mehrere sein).

VIII: Lasse nur eine ausgewählte Klasse von Entscheidungsmöglichkeiten zu.

Auswahlfilter:

IX: Wähle unter den verbliebenen eine beliebige Entscheidungsmöglichkeit mit Hilfe eines Zufallszahlengenerators aus. Alle Entscheidungmöglichkeiten besitzen dabei dieselbe Wahrscheinlichkeit der Auswahl.

X: Wähle unter den verbliebenen eine beliebige Entscheidungsmöglichkeit mit Hilfe eines Zufallszahlengenerators aus. Die Entscheidungsmöglichkeiten werden entsprechend ihrer Priorität gewichtet.

Der Ablauf im Entscheidungspaß ist in Bild 41 als Flußdiagramm dargestellt. Zunächst wird aufgrund von Bedingungen geprüft, ob eine interaktive Abfrage nötig ist. Dabei kann der Benutzer unter folgenden Bedingungen eine interaktive Abfrage vom Simulator anfordern:

- o bei jeder Aktivierung des Disponenten
- o bei mindestens einer Entscheidungsmöglichkeit

- o bei mindestens einer nicht ausgefilterten Entscheidungsmöglichkeit
- o bei mehr als einer nicht gefilterten Entscheidungsmöglichkeit
- o bei bestimmten Klassen von Entscheidungsmöglichkeiten
- o wenn alle Entscheidungsmöglichkeiten ausgefiltert wurden
- o wenn nach einer bestimmten Wartezeit keine Entscheidungsmöglichkeit gefunden wurde

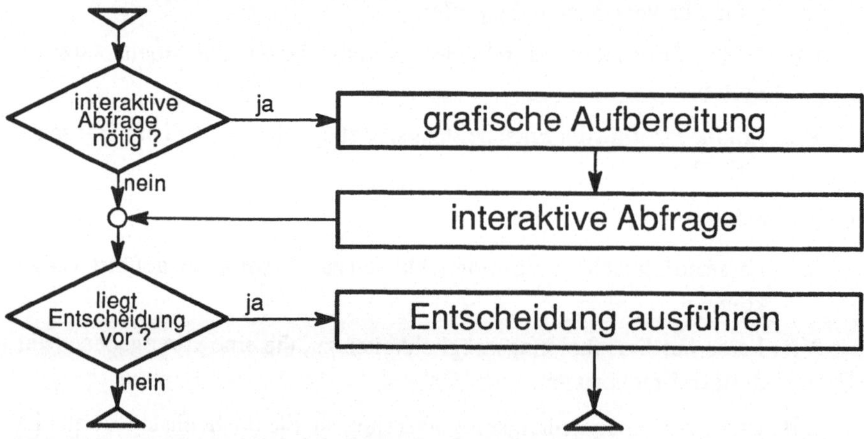

Bild 41: Ablauf im Entscheidungspaß

Falls im konkreten Fall entsprechend den gewählten Bedingungen eine interaktive Abfrage erfolgt, wird die Simulation unterbrochen und die Entscheidungsliste grafisch dargestellt. Der Benutzer hat nun folgende Möglichkeiten:

- o Auswahl einer Entscheidung und Fortsetzen des Simulationslaufs
- o Fortsetzen des Simulationslaufs ohne Entscheidung
- o Aufruf von Filtern seiner Wahl
- o Unterbrechen des Simulationslaufs, um beispielsweise Statistiken abzurufen oder den aktuellen Modellzustand abzuspeichern

Falls am Ende des Entscheidungspasses eine Entscheidung vorliegt, wird diese ausgeführt und die entsprechende Meta–Stelle mit einer Entscheidungsmarke besetzt. Liegt keine Entscheidung vor, bleibt das Netz des betreffenden Elementes solange stehen, bis eine Entscheidung vorliegt (vgl. Bild 15).

5 Grafiksystem

Bei der Konzeption eines interaktiven Programmsystems ist eine durchgängige objektorientierte Oberfläche notwendig, um die Kommunikation zwischen Benutzer und EDV– System zu erleichtern. Dazu ist es notwendig, daß der Benutzer auch beim Aufbau bzw. der Manipulation der Simulationsmodelle selbst vom Grafiksystem unterstützt wird. Ferner muß der Ablauf der Simulation dynamisch dargestellt werden können.

In diesem Kapitel werden nach einem Überblick über die realisierte Benutzeroberfläche anhand eines durchgängigen Beispiels die wesentlichen Darstellungsmöglichkeiten und Funktionen des Grafiksystems verdeutlicht. Die Vorgehensweise entspricht dabei dem üblichen Ablauf einer Simulationsstudie /47/. Sie erstreckt sich vom Aufbau des Modells über die Durchführung von unterschiedlichen Simulationsläufen bis hin zur Aus– und Bewertung der Ergebnisse.

5.1 Aufbau der Benutzeroberfläche

Die für den Simulator entwickelte Benutzeroberfläche ist grundsätzlich in Fenstertechnik (oft auch als Windowtechnik bezeichnet) ausgeführt. Dem Benutzer werden meist mehrere unterschiedliche Fenster zur Verfügung gestellt, die jeweils für verschiedene Ein– und Ausgabeoperationen reserviert sind /99/. Die Steuerung des Programmablaufs durch den Benutzer erfolgt mit Hilfe eines Zeigegeräts (Maus). Nur in Ausnahmefällen werden Eingaben mit der Tastatur erforderlich. Der mit der Maus verbundene Zeiger (Cursor) kann über den gesamten Bildschirm zu allen dort dargestellten Fenstern bewegt werden. Je nach Art des Fensters werden durch Drücken der Funktionstasten der Maus unterschiedliche Befehle oder Operationen ausgelöst. Grundsätzlich werden folgende Arten von Fenstern unterschieden /vgl. 100, S. 171/:

Menüfenster: Menüs dienen zum Auslösen von Befehlen zur Steuerung des Programmablaufs, zur Auswahl und zum Setzen von Parametern mit der Maus. Es ist jederzeit mindestens ein Menü vorhanden.

Objektfenster: Objektfenster dienen zur Darstellung von Modelldaten in Form von Listen, Bäumen, Diagrammen oder Graphen. Mit der Maus können Objekte oder deren Parameter angewählt werden.

Eingabefenster: In Eingabefenstern werden alphanumerische Daten wie Zeiten und Namen mit Hilfe der Tastatur eingegeben bzw. verändert.

Meldungsfenster: In Meldungsfenstern werden alphanumerische Informationen und Fehlermeldungen für den Benutzer ausgegeben.

Zur Eingabe, Simulation und Modifizierung von Modellen stehen dem Benutzer vielfältige Funktionen in vier unterschiedlichen Dialogebenen zur Verfügung. Auf der Modellebene können Simulationsmodelle erzeugt, simuliert, geladen und gespeichert werden. In der Systemebene können Simulationsläufe durchgeführt bzw. Arbeitssysteme eingegeben bzw. verändert werden. In der Elementebene werden Arbeitssystemelemente und Aufträge definiert. In der Detailebene können beschreibende Daten wie Elementarvorgänge, Leistungsgrade und Entscheidungsdisponenten festgelegt werden. In Bild 42 sind die wichtigsten Objekte in den Dialogebenen mit den dazugehörenden Menüschritten dargestellt.

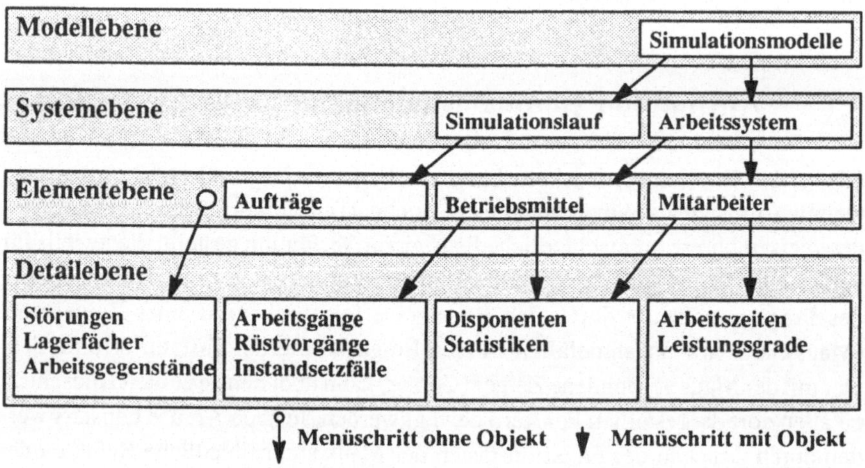

Bild 42: Dialogebenen im Simulator

5.2 Funktional–Layout und Anwendungsbeispiel

Auf der System– und Elementebene wird das gesamte System in einem Objektfenster als Funktional–Layout dargestellt. Im Funktional–Layout sind alle wesentlichen Informationen aus dem Basis– und Entscheidungssystem enthalten. Die Betriebsmittel sind entsprechend ihrer Funktion im Modell angeordnet. Entfernungen und Größenverhältnisse haben im Gegensatz zum maßstäblichen Layout keine Bedeutung. Die Hierarchie der einzelnen Montagebereiche kann angezeigt und verändert werden.

Das Arbeiten mit dem Simulator soll anhand eines durchgängigen Beispiels erläutert werden. Dabei wird auf das Beispiel der Montage einer Flügelzellenpumpe zurückgegriffen, deren Layout bereits in Bild 8 (Kap. 3.1) prinzipiell dargestellt wurde. Der geplante Montageablauf kann aus dem Vorranggraphen im Anhang (Kap. 10.1) entnommen werden. Die hybride Montagezelle wurde als Prototyp geplant und aufgebaut (Kap. 10.1).

Bei der dem Beispiel zugrunde liegenden Planung stand das Bestreben im Mittelpunkt, die Montage einer Flügelzellenpumpe möglichst weitgehend zu automatisieren. Der Ausgangspunkt für den Einsatz der Simulation war die Konzeption einer hybriden Montagezelle, bei der wesentliche Montage– und Prüfarbeitsgänge durch Roboter ausgeführt werden. Ziel der beispielhaft durchzuführenden Simulationsstudie war es, unterschiedliche technische und organisatorische Maßnahmen im Hinblick auf ihr Ausbringungs– und Kostenverhalten zu untersuchen und zu bewerten.

Wie aus Bild 8 ersichtlich, besteht die hybride Montagezelle aus zwei Montagerobotern, einer Prüfstation und einem manuellen Bereich. Die Stationen sind mit einem Doppelgurtband verkettet. Am manuellen Arbeitsplatz werden von einem Mitarbeiter fertig montierte Werkstücke von einem Werkstückträger abgespannt und abgelegt bzw. Rohteile aufgenommen und auf einen Werkstückträger aufgespannt. Werkstücke, an denen in der Prüfstation Fehler festgestellt wurden, werden entweder mit einer Nacharbeitskarte abgelegt (falls der Fehler nicht sofort behoben werden kann) oder direkt am manuellen Arbeitsplatz nachgearbeitet. Zu den Montagestationen werden über Vibrationsförderer und Magazine Kleinteile zugeführt. Ihre Beschickung erfolgt manuell. Zur Prüfstation werden keine Teile zugeführt. Die Klein– und Rohteilebehälter werden mit Hilfe eines Handwagens vom Lager geholt.

Der Mitarbeiter soll neben den beschriebenen Tätigkeiten (auf– und abspannen, Material bereitstellen, Teile nachfüllen, nacharbeiten) auch die anfallenden Rüstarbeiten bei Typwechseln und einfache Instandsetzungstätigkeiten ausführen. Der Mitarbeiter übt damit die Funktion eines Systembetreuers aus, da er alle anfallenden Arbeiten in der Montagezelle ausführt.

Bild 43 zeigt das simulationsfähige Modell der Montagezelle als Funktional–Layout. Die Betriebsmittel sind entsprechend ihrer Lage im maßstäblichen Layout angeordnet.

Die Verkettungen zeigen als Pfeile die Materialflußrichtung von Teilen und Werkstücken an. Die Puffer D1 bis D4 bilden das Doppelgurt–Umlaufsystem ab. Die beiden Vibrationsförderer V1 und V2 sind im Modell ebenfalls als Puffer abgebildet. Unbearbeitete Werkstücke (Rohteile) und Kleinteile werden in den Lagern RT und KT bereitgestellt. Fertig montierte Werkstücke werden im Lager FT abgelegt.

Roh– und Kleinteile werden in den Behältern B1 bis B4 bereitgestellt. Ist ein Behälter leer, wird er mit Hilfe des Wagens W zum entsprechenden Lager transportiert, dort aufgefüllt und an seinen ursprünglichen Platz zurückgebracht. Der Fertigteilbehälter B5 wird in der Zelle befüllt und im Lager FT entleert. Das Regal für momentan nicht benötigte Werkstückträger ist als Puffer Wt abgebildet.

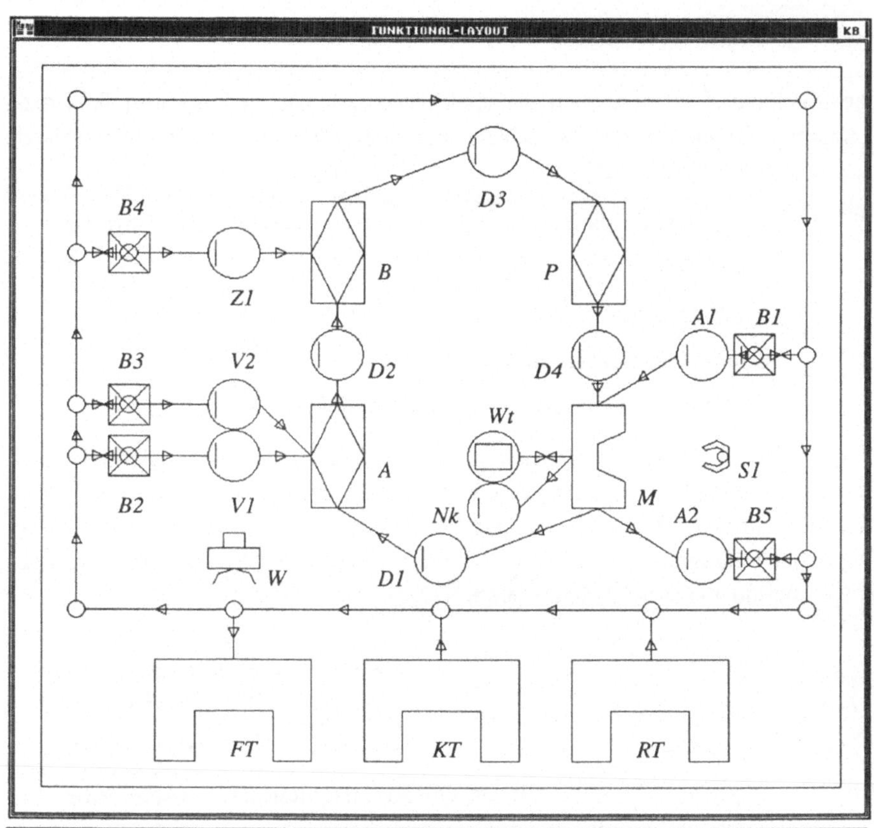

Symbole
Mitarbeiter
Automatenstation
Manueller Arbeitsplatz
Puffer (leer bzw. voll)
Transportbehälter (leer bzw. voll)
Transportmittel
Transportanschluß
Verkettung Transportstrecke
Lager

Abkürzungen			
S1	Systembetreuer	RT	Lager Rohteile
A	Montagestation A	KT	Lager Kleinteile
B	Montagestation B	FT	Lager Fertigteile
P	Prüfstation	B1	Behälter Rohteile
M	Aufspannplatz	B2–B4	Behälter Kleinteile
D1–D4	Doppelgurtband	B5	Behälter Fertigteile
V1, V2	Vibrationsförderer	A1	Ablage Rohteile
Z1	Magazin	A2	Ablage Fertigteile
Wt	Werkstückträger		
Nk	Nacharbeitskarten		
W	Wagen		

Bild 43: Funktional–Layout einer hybriden Montagezelle

5.3 Objektfenster

Die Objekte im Modell werden als Objektlisten und –bäume dargestellt, da insbesondere die Objekte in der Detailebene nur anhand alphanumerischer Daten exakt beschrieben werden können. Solche Daten sind beispielsweise:

- o absolute und relative Zeitangaben (für Zeitpunkte bzw. Zeitspannen)
- o Prioritäten
- o Leistungsgrade
- o Namen und Bezeichnungen
- o Zustandsbeschreibungen (aus den Petri–Netzen)

Die Objektdarstellung selbst ist einheitlich aufgebaut. Oben links zeigt ein Symbol die Art des Objektes. Abhängig von der Objektart, sind rechts und unterhalb von diesem Symbol objektspezifische Daten vorhanden. Bild 44 zeigt beispielhaft die Objektdarstellung eines Instandsetzvorgangs. Eine Liste mit allen Objektdarstellungen befindet sich im Anhang (Kap. 10.2).

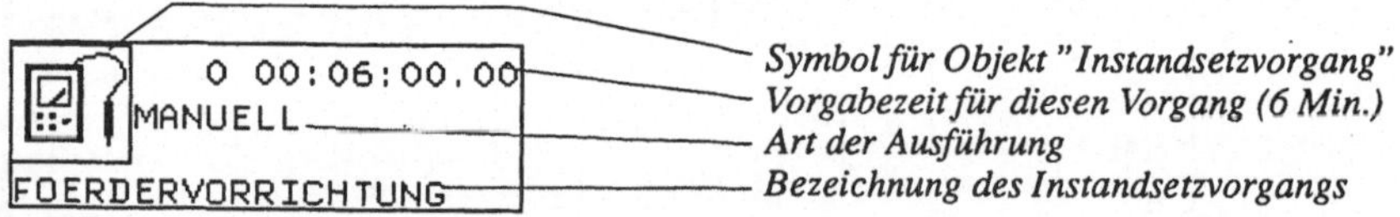

Bild 44: Aufbau der einheitlichen Objektdarstellung am Beispiel eines Instandsetzvorgangs

Mit den Objektdarstellungen als Grundelemente können Listen und Bäume zusammengesetzt werden. Bild 45 zeigt beispielsweise die Darstellung von zwei Arbeitsgängen an der Montagestation A. Auf der linken Seite sind in den Versorgungsobjekten die Arbeitsgegenstände aufgelistet, die für die Ausführung des Arbeitsganges benötigt werden. Die Objektdarstellung eines automatisch ausführbaren Zeitbausteins für Montagevorgänge in der Mitte verbindet das Versorgungsobjekt mit dem Entsorgungsobjekt, d.h. in 1 Minute 30 Sekunden werden zwei Teile in ein Werkstück montiert. Die Veränderung der Objektart (z.B. Typ_2_Roh zu Typ_2_Montage_A) dokumentiert dabei den mit der Ausführung dieses Arbeitsgangs erreichten Fertigungsfortschritt. Die gerasterte Darstellung (auf dem Bildschirm grün gezeichnet) des unteren Arbeitsgangs bedeutet, daß dies das aktuelle Versorgungsobjekt ist. Soll der andere Arbeitsgang ausgeführt werden, muß zuerst umgerüstet werden.

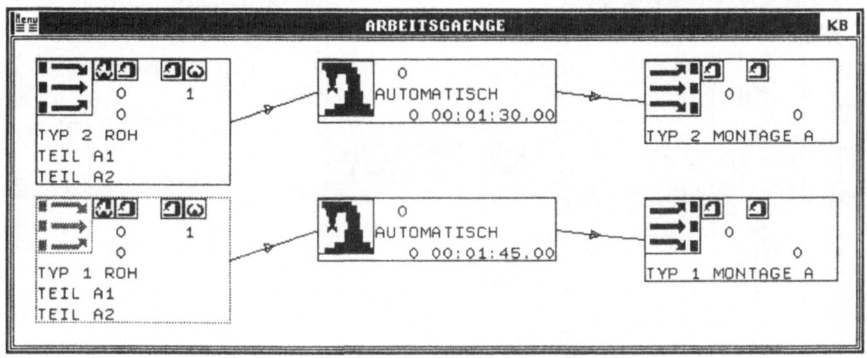

Bild 45: Objektfenster "Arbeitsgänge" der Montagestation A

5.3.1 Leistungsgrade eines Mitarbeiters

Jedem Mitarbeiter können Leistungsgradkennzahlen zugeordnet werden. Soll ein Mitarbeiter im Modell eine Tätigkeiten nicht ausführen, wird sein Leistungsgrad auf 0 gesetzt. Die einzelnen Leistungsgrade können auf folgende Objekte Bezug nehmen:

Modell: Leistungsgrade im Modell gelten für bestimmte Tätigkeitsklassen an allen Betriebsmitteln im Modell.

Betriebsmittel: Leistungsgrade für Betriebsmittel gelten für bestimmte Tätigkeitsklassen an einem speziellen Betriebsmittel.

Zeitbaustein: Leistungsgrade für Zeitbausteine gelten nur für die durch den Zeitbaustein beschriebene Tätigkeit.

Mit diesem Kennzahlennetz kann der Einsatzbereich jedes einzelnen Mitarbeiters beschrieben werden, um beispielsweise die Arbeitsaufgaben von Schlossern, Einstellern oder Maschinenbedienern abzubilden.

Bild 46 zeigt die Leistungsgrade des Systembetreuers in der hybriden Montagezelle sowie das dazu gehörende Menüfenster. Die Leistungsgrade des Systembetreuers im Modell wird für alle Tätigkeiten auf 100 gesetzt. Das bedeutet, daß der Systembetreuer alle Tätigkeiten im Modell (mit einem Leistungsfaktor von 1) ausführen kann.

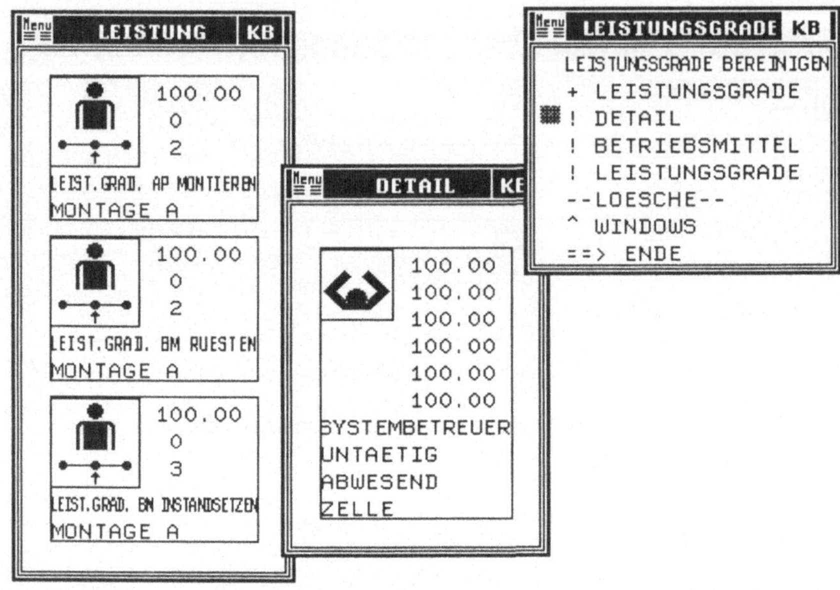

Bild 46: Leistungsgrade des Systembetreuers

5.3.2 Arbeitszeiten der Mitarbeiter

Beispielhaft ist die Arbeitszeitregelung des Systembetreuers im Basismodell in Bild 47 dargestellt. In der "Simulationswoche" vom 28. August 1989 bis zum 1. September 1989 beginnt seine Arbeitszeit täglich um 6 Uhr und endet um 14.30 Uhr. Er hat jeweils eine 15–minütige Pause um 8.30 Uhr und eine 30–minütige Mittagspause um 11.30 Uhr. Da die Roboterstationen in den Pausen möglichst durchlaufen sollen, beträgt die tägliche Betriebszeit 8,5 Stunden. Auf einem Wochenplan wird ein Überblick über alle vorgesehenen Schichten angezeigt.

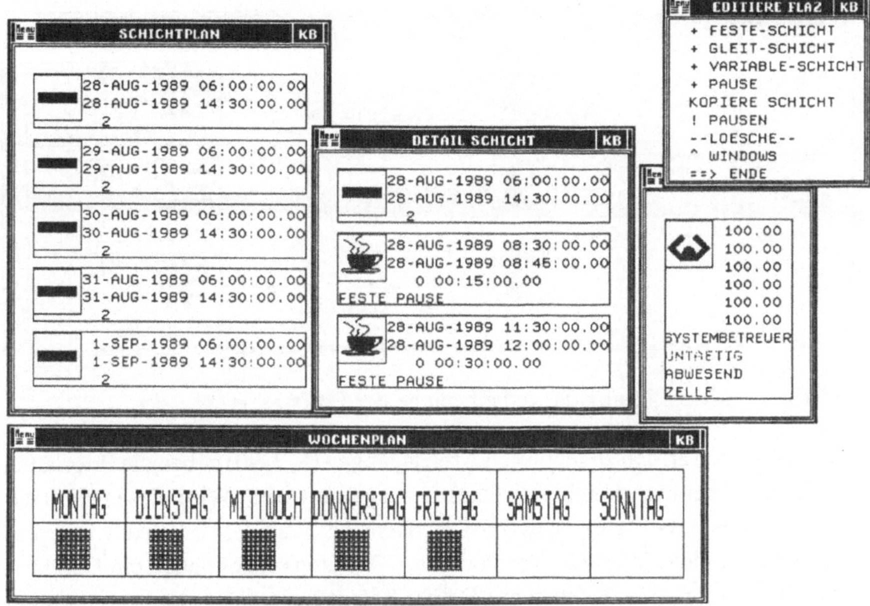

Bild 47: Arbeitszeitregelung des Systembetreuers im Modell

5.3.3 Arbeitsgänge an Arbeitsplätzen

Als Beispiel zeigt Bild 48 die Arbeitsgänge an der Prüfstation. Der Prüfstation werden Pumpen zugeführt, die bereits die Montagestation B durchlaufen haben (Typ_2_MONTAGE_B). Die fertig montierten Produkte werden dann geprüft und entsprechend dem Prüfergebnis in drei Kategorien unterteilt.

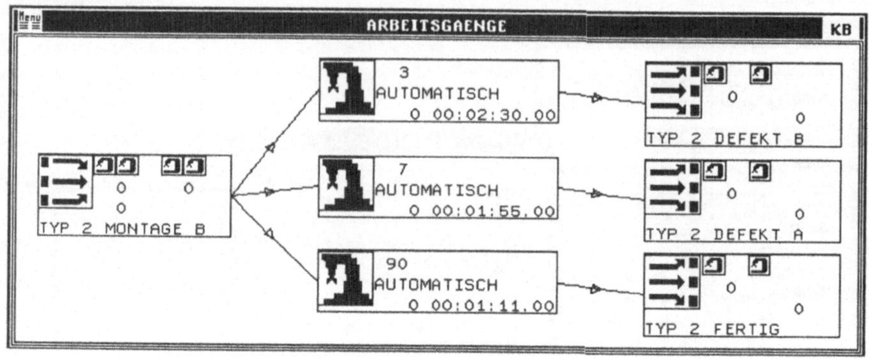

Bild 48: Modellierung der Arbeitsgänge der Prüfstation

Die Zahlen oben an den zugehörigen Arbeitsgängen (3, 7, 90) geben die Prioritäten an, mit denen der betreffende Arbeitsgang ausgeführt wird. Wird diese Prioritätskennzahl vom Arbeitsgangauswahl–Disponent als Wahrscheinlichkeit interpretiert, bedeutet dies, daß 90% gute Pumpen, 7% Pumpen, bei denen ein Defekt A feststellbar ist, und 3% Pumpen mit Defekt B "produziert" werden.

Bild 49 zeigt die Modellierung von Arbeitsgängen an der Auf– und Abspannstation. Das untere Versorgungsobjekt legt fest, daß ein Gehäuse (TYP_2_ROH) und ein Werkstückträger dem Arbeitsplatz zugeführt werden müssen. Im darauffolgenden Arbeitsgang wird das Gehäuse in einer Zeit von 20 Sekunden auf den Werkstückträger aufgespannt. Danach ist der Werkstückträger für die weitere Modellierung an den folgenden Stationen nicht mehr notwendig und wird deshalb im Modell nicht mehr abgebildet.

Die drei oberen Versorgungsobjekte beschreiben die Abspann–Arbeitsgänge. Hier wird der Werkstückträger wieder erzeugt. Die Art und Dauer der Tätigkeit ist abhängig vom Ergebnis der Prüfarbeitsgänge an der Prüfstation. Eine fertig montierte Pumpe (TYP_2_FERTIG) wird in 15 Sekunden abgespannt. Im Entsorgungsobjekt wird der Werkstückträger wieder erzeugt und im Werkstückträgerpuffer abgelegt. Ist bei der Dichtheitsprüfung ein Fehler festgestellt worden (TYP_2_DEFEKT_B), muß zusätzlich eine Nacharbeitskarte ausgefüllt werden (Dauer 33 Sek.). Wurde bei der Prüfung ein Druckabfall registriert (TYP_2_DEFEKT_A), kann entweder der Fehler manuell behoben werden (Dauer 3 Min.) oder es wird eine Nacharbeitskarte ausgefüllt (Dauer 30 Sek.). Die Entscheidung, welcher Arbeitsgang im konkreten Fall ausgeführt wird, trifft der Arbeitsgangauswahl–Disponent während des Simulationslaufs.

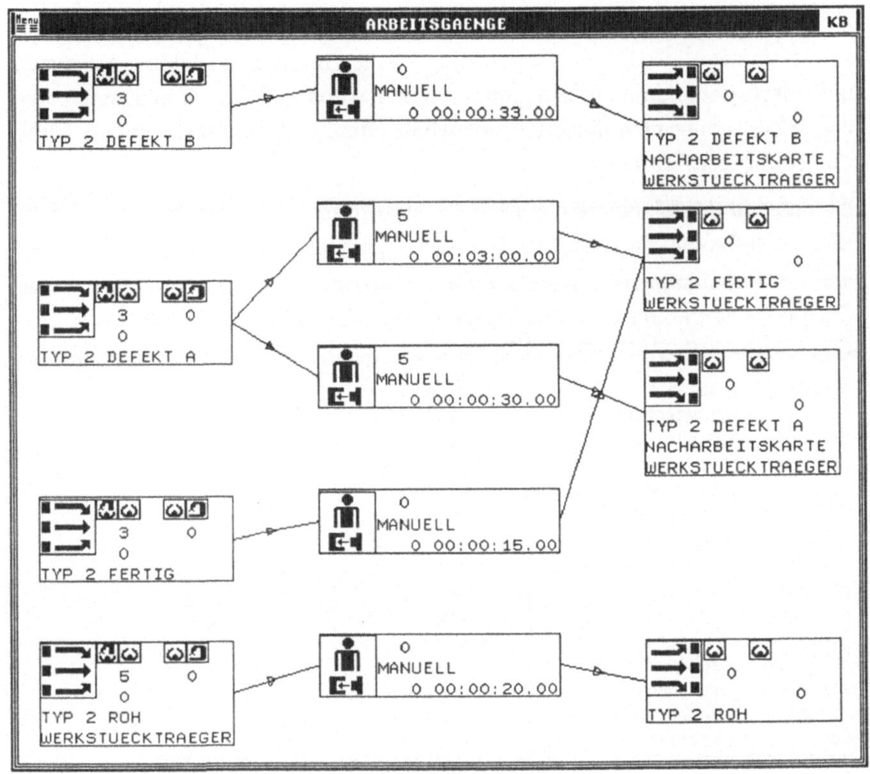

Bild 49: Modellierung von Werkstückträgern

5.4 Animation des Simulationsablaufs

Bei der Animation handelt es sich um eine Online–Animation, bei der die Bildschirmdarstellung immer dem aktuellen Zustand des simulierten Modells entspricht. Während der Simulation lassen sich vielfältige Informationen dem (farb–)grafisch animierten Funktional–Layout entnehmen. Die aktuelle Simulationszeit wird in einem separaten Fenster angezeigt.

Bewegte Objekte im Funktional–Layout sind Mitarbeiter und Transportmittel. Die Symbole der Mitarbeiter im Modell werden an ihrem jeweiligen Arbeitsort, die der Transportmittel an ihrem jeweiligen Aufenthaltsort gezeichnet.

Die Füllstände von Puffern und Transportbehältern lassen sich an einem "Füllstandsbarometer" verfolgen. Gleichzeitig können mit einem Meldungsdisponenten Bildschirmmeldungen ausgegeben werden, wenn sich ein Element eine vorgegebene Zeitspanne unverändert in einem bestimmten Zustand befindet (z.B. Puffer voll, Puffer leer, Störung).

Der Zustand der Elemente des Modells wird durch eine Farbkodierung der im Funktional–Layout dargestellten Symbole angezeigt (Bild 50).

Farbe	Linienart	Petri–Netz–Zustand	Arbeitsplatz
hellblau	gestrichelt	instands_ubro	
hellblau	durchgezogen	instandsetzen	
tiefblau	durchgezogen	gestört	
violett	gestrichelt	rüsten_ubro	& intakt
violett	durchgezogen	rüsten	& intakt
hellgrün	gestrichelt	montieren_ubro	& intakt
tiefgrün	durchgezogen	montieren_Ende	& intakt
hellgrün	durchgezogen	montieren	& intakt
hellbraun	gestrichelt	bringen_ubro	& intakt
braun	durchgezogen	bringen_Ende	& intakt
hellbraun	durchgezogen	bringen	& intakt
ocker	gestrichelt	holen_ubro	& intakt
orange	durchgezogen	holen_Ende	& intakt
ocker	durchgezogen	holen	& intakt

Bild 50: Farbkodierung der Petri–Netz–Zustände eines Arbeitsplatzes bei der Animation

Diese vielfältigen Informationen, die der Grafik und den Bildschirmmeldungen zu entnehmen sind, erlauben dem Benutzer häufig bereits Aussagen über die Funktionsfähigkeit eines Systems, ohne daß Statistiken und Simulationsprotokolle betrachtet werden müssen.

5.5 Interaktive Entscheidungen im Simulationsablauf

Beispielhaft soll hier eine Entscheidungssituation dargestellt werden, bei der interaktiv durch den Benutzer der nächste Arbeitsort des Systembetreuers bestimmt wird.

Simulationsläufe, in die interaktiv eingegriffen werden soll, werden in einer Fensterumgebung (Bild 51) durchgeführt. Dargestellt werden das farbig animierte Funktional–Layout, das Modellobjekt mit der Simulationsuhr, zwei Menüleisten und das Auswahlfenster, auf dem die vom Disponenten vorgeschlagenen Entscheidungsmöglichkeiten gezeigt werden. Das Element, dessen Disponent die interaktive Anfrage durchführt, wird rot gezeichnet.

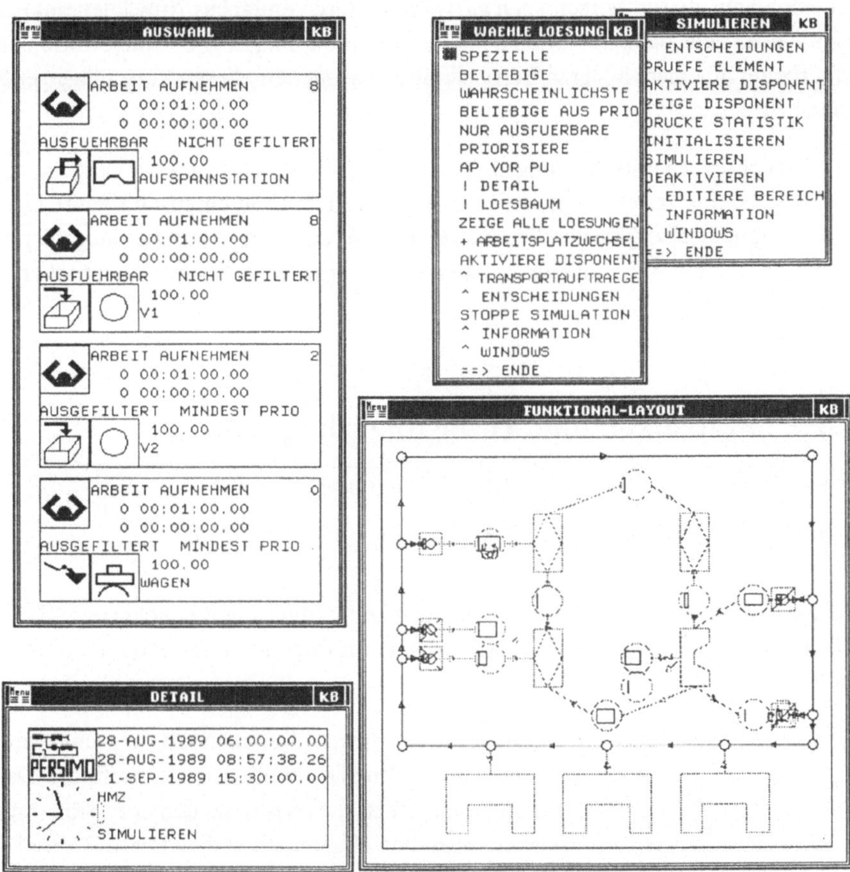

Bild 51: Interaktive Abfrage beim Personaleinsatz des Systembetreuers

Der Personaleinsatzdisponent hat für den Werker vier mögliche Tätigkeiten gefunden, die im Modell als nächstes ausgeführt werden könnten:

1. An der Aufspannstation können Werkstücke aufgespannt werden.
2. Der Vibrationsförderer V1 kann aufgefüllt werden.
3. Der Vibrationsförderer V2 kann aufgefüllt werden.
4. Mit dem Wagen können Teile transportiert werden.

Welche Tätigkeit der Werker nun aufnehmen soll, ist vom aktuellen Systemzustand, wie Belegung des Doppelgurtbandes oder Blockierungen vor– und nachgelagerter Stationen, abhängig. Der Benutzer kann nun situationsgerecht eine Entscheidung aus diesen Vorschlägen auswählen (durch einfaches Anwählen mit der Maus) oder eine andere Entscheidung herbeiführen, indem er beispielsweise den Mitarbeiter an einem anderen Betriebsmittel, das nicht in diesen Vorschlägen enthalten ist, einsetzt.

Die Parameter des Entscheidungsdisponenten können auch so gesetzt werden, daß die Personaleinsatzsteuerung automatisch oder teilweise automatisch abläuft. Dies kann beispielsweise dann geschehen, wenn der Vorschlag des Entscheidungsdisponenten in mehreren Entscheidungssituationen vom Benutzer als adäquat erkannt wurde.

5.6 Statistiken und Auslastungsdiagramme

5.6.1 Objektbezogene Statistiken

Bei den objektbezogenen Statistiken werden Zeit–, Stück– und Zeitbaustein–Statistiken unterschieden. Im einzelnen werden darin folgende Informationen gesammelt und abgelegt:

Zeit–Statistiken: In Zeit–Statistiken wird dokumentiert, wie lange sich ein Element in den einzelnen Zuständen befindet. Daraus können effektive Nutzungszeiten oder Stör– und Instandsetzzeiten abgeleitet werden. Diese Ergebnisse können alphanumerisch oder in Form eines Balkendiagramms für unterschiedliche Betriebsmittel zu jedem Zeitpunkt, also auch während des Simulationslaufs, betrachtet werden.

Stück–Statistiken: In Stück–Statistiken werden die "Bewegungen" von Arbeitsgegenständen in einem Element (z.B. Puffer, Lager) gezählt. Mit Hilfe einer Stückstatistik kann beispielsweise die gefertigte Stückzahl ermittelt werden.

Zeitbaustein–Statistiken: In Zeitbaustein–Statistiken werden einzelne Tätigkeiten an einem Element statistisch erfaßt (z.B. ein bestimmter Arbeitsgang oder Rüstvorgang). Erfaßt wird dabei die Häufigkeit, mit der der Zeitbaustein ausgeführt wurde, die Gesamtdauer, der durchschnittliche Leistungsgrad und die statistische Abweichung von der Vorgabezeit.

Durch Anwählen mit der Maus kann Bedeutung und Wert der Felder angezeigt werden.

5.6.2 Auslastungsdiagramme

Die beschriebenen Element–Zeit–Statistiken können direkt in ein (farb–)grafisches Balkendiagramm umgesetzt werden. Dabei wird bei Elementen der relative Anteil der Zustände an der Simulationszeit, bei Mitarbeitern der Tätigkeitsanteil dargestellt (Bild 52). Die Farben der Zeitanteile im Balkendiagramm entsprechen dabei denen der Animation (vgl. Bild 50).

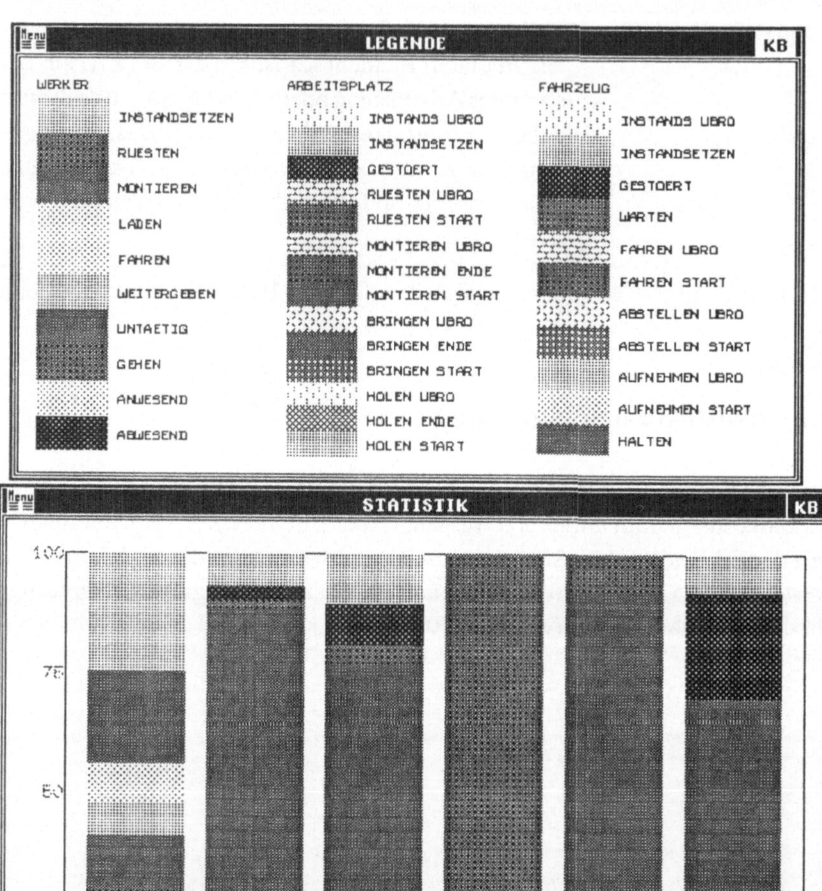

Bild 52: Auslastungsdiagramm für mehrere Elemente

Sowohl die Statistiken einzelner als auch aller Elemente können auf eine Datei ausgegeben werden. Diese Datei kann im Anschluß an die Simulation zu weiteren Auswertungen herangezogen und in gängige Tabellenkalkulationsprogramme eingelesen werden.

5.6.3 Simulationsprotokolle

Sowohl system– als auch elementbezogen können Ereignis– und Zustandsprotokolle auf eine Datei geschrieben werden.

Damit können z.B. die zeitlichen Tätigkeitsverteilungen von Mitarbeitern oder der zeitliche Verlauf von Pufferfüllständen rekonstruiert werden. Diese in der Regel recht umfangreichen Protokolldateien können nach der Simulation mit Hilfe von Statistik– oder Tabellenkalkulationsprogrammen aufbereitet werden.

5.7 Durchführung von Simulationsläufen im Anwendungsbeispiel

Die als Anwendungsbeispiel in diesem Kapitel verwendete hybride Montagezelle war Ausgangspunkt einer Reihe von Simulationsläufen. Die Parameter dieses Basismodells wurden modifiziert, um die Auswirkungen unterschiedlicher technischer, organisatorischer und personeller Maßnahmen im Hinblick auf das zu erwartende Ausbringungs– und Kostenverhalten zu untersuchen.

5.7.1 Beschreibung der durchgeführten Simulationsläufe

Zur Durchführung weiterer Simulationsläufe wurden unterschiedliche technische, organisatorische und personelle Maßnahmen diskutiert und in die Untersuchung einbezogen. Diese Maßnahmen beschrieben als Modifikationen der Parameter des Basismodells einzeln oder als Kombination jeweils ein neues Simulationsmodell der Montagezelle. Folgende Parameter wurden betrachtet:

Systembetreuer: Mitarbeiter mit Qualifikation für **alle** Tätigkeiten im Modell.

Einsteller: Mitarbeiter mit Qualifikation für alle Rüst– und Instandsetztätigkeiten. Andere Tätigkeiten sollen vom Einsteller nicht ausgeführt werden.

Helfer: Mitarbeiter mit Qualifikation für alle Tätigkeiten, die nicht vom Einsteller ausgeführt werden sollen. Dies sind im wesentlichen die Tätigkeiten bereitstellen und auf– bzw. abspannen der Pumpe vom Werkstückträger.

Größere Puffer: Vergrößern der Pufferkapazität von D2 und D4 von 7 auf 9, D1 von 7 auf 11 Pufferplätze und bereitstellen von 10 zusätzlichen Werkstückträgern. Diese Pufferkapazitäten können durch eine Verlängerung der Bandstrecken erreicht werden.

Nacharbeitsplatz: Vorhalten eines zusätzlichen, durch 2 Puffer entkoppelten Arbeitsplatzes, an dem alle Tätigkeiten im Zusammenhang mit reparaturbedürftigen Pumpen ausgeführt werden. An der Aufspannstation entfallen dann diese Tätigkeiten.

Versetzte Pausen: Die Pausen der beiden Mitarbeiter werden versetzt, so daß sichergestellt wird, daß stets ein Mitarbeiter im System ist.

Versetzte Arbeitszeiten: Arbeitsbeginn und Arbeitsende des zweiten Systembetreuers werden um eine Stunde versetzt. Die tägliche Betriebszeit verlängert sich dadurch von 8,5 auf 9,5 Stunden.

Bild 53 zeigt die Parameter von 12 Modellen sowie ausgewählte Ergebnisse von 12 Simulationsläufen. Dabei wurde mit jedem Modell unter sonst identischen Rahmenbedingungen je ein Simulationslauf durchgeführt. Zunächst sollen die Parameter der 12 Modelle beschrieben werden. Die Ergebnisse der Simulationsläufe werden später erläutert.

Zunächst wurde ein Simulationslauf mit dem Basismodell durchgeführt (Lauf I). Der Systembetreuer ist mit der Ausführung der anfallenden Tätigkeiten in der Montagezelle relativ hoch ausgelastet. Um die Entkopplung in der Zelle zu verbessern, wurden zunächst die Pufferkapazitäten erhöht (II) und ein zusätzlicher Nacharbeitsplatz eingerichtet (III). Diese Maßnahmen führen jedoch zu keiner signifikanten Veränderung des Systemverhaltens.

Als nächstes wurde der Einsatz eines zweiten Systembetreuers unter unterschiedlichen technischen und organisatorischen Voraussetzungen untersucht (Lauf IV–X). Die Simulationsläufe XI und XII wurden ebenfalls mit zwei Mitarbeitern (Einsteller und Helfer) durchgeführt, die aber im Gegensatz zu den vorangegangenen Läufen disjunkte Tätigkeitsfelder aufwiesen.

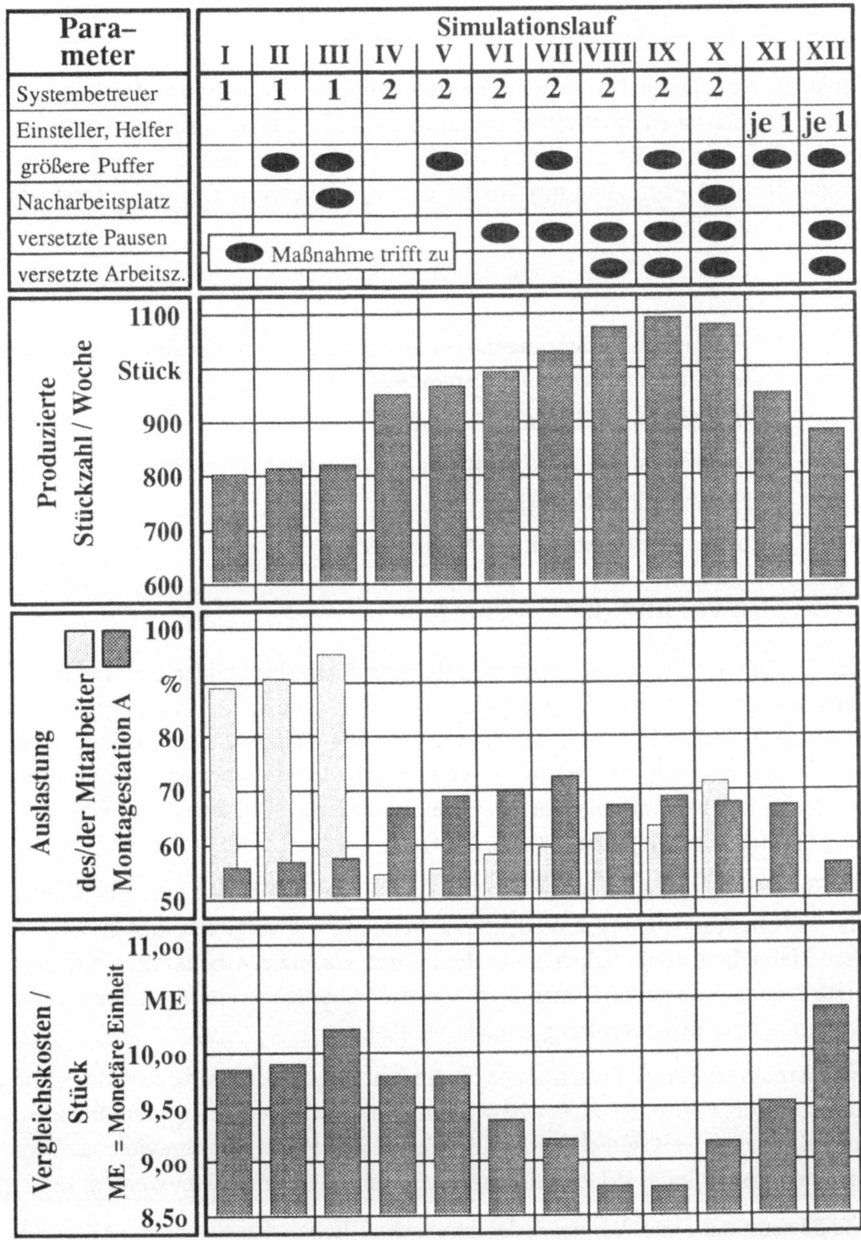

Bild 53: Parameter und Ergebnisse der durchgeführten Simulationsläufe

5.7.2 Ergebnisse der Simulationsläufe

Bei jedem Simulationslauf wurden die Auslastungsdaten und die in der Simulationswoche gefertigten Stückzahlen ermittelt (Bild 53). Als Bezugsgröße wurde die regelmäßige wöchentliche Arbeitszeit bzw. die Betriebszeit herangezogen. Die unterschiedliche Ausbringung pro Woche wurde im wesentlichen durch folgende Faktoren beeinflußt:

- Wartezeiten beim Umrüsten der Montagestationen durch fehlendes Personal
- Wartezeiten bei Störungen von Stationen durch fehlendes Personal für die dadurch notwendigen Instandsetzarbeiten
- Wartezeiten von Stationen aufgrund fehlenden Materials
- Wartezeiten, die durch Störung einer anderen Station entstehen
- Gehzeiten der Mitarbeiter
- Länge der Betriebszeit der Montagezelle

5.7.3 Bewertung der Ergebnisse

Die mit Hilfe der Simulation ermittelten Wochenstückzahlen bilden zusammen mit Daten aus der Wirtschaftlichkeitsrechnung die Basis für eine Kostenvergleichsrechnung /101/. Der in Bild 53 gezeigte Kostenvergleich beruht auf Planungswerten und berücksichtigt innerhalb der Systemgrenzen der hybriden Montagezelle anfallende fixe und variable Kosten. Eine Erläuterung der Kostenvergleichsrechnung befindet sich im Anhang (Kap. 10.3).

Der Einsatz eines zweiten Systembetreuers als Einzelmaßnahme ermöglicht zwar eine höhere Ausbringung, eine deutliche Senkung der Vergleichskosten bewirkt diese Maßnahme allein jedoch nicht. Erst durch versetzte Arbeitszeiten und versetzte Pausen des zweiten Systembetreuers kann über eine weitere Ausbringungssteigerung eine Kostensenkung erreicht werden.

Die mit relativ geringen Investitionen für eine verlängerte Bandstrecke verbundene Steigerung der Pufferkapazitäten bewirkt in jedem Fall eine Stückzahlerhöhung im Vergleich zum jeweils gleichen Modell ohne größere Puffer. Eine gravierende Senkung der Kosten kann jedoch mit dieser Maßnahme nicht erreicht werden.

Bild 53 zeigt u.a. einen Vergleich der durchschnittlichen Auslastung der Mitarbeiter und der Montagestation A, die von allen Stationen die höchste Auslastung erreicht. Die Auslastung wurde dabei als Anteil der Summe der ausgeführten Zeitbausteine an der Anwesenheitszeit bzw. Betriebszeit berechnet. Aus dem Einsatz von lediglich einem Systembetreuer resultiert zum einen eine sehr hohe Auslastung des Mitarbeiters, zum anderen eine relativ geringe Auslastung der Montagestation. Auch durch eine verbesserte Entkopplung mit Hilfe vergrößerter Puffer und einen zusätzlichen Nacharbeitsplatz kann dieses grundsätzliche Defizit nicht beseitigt werden.

Durch den Einsatz eines Einstellers und eines Helfers mit jeweils disjunkten Arbeitsaufgaben sinkt die Auslastung der Montagestation, da – falls beispielsweise mehrere Störungen gleichzeitig auftreten – lediglich eine sofort behoben werden kann. Dadurch steigen die Wartezeiten der Stationen und als Folge sinkt die Auslastung. Versetzte Pausen und Arbeitszeiten führen zu einem noch schlechteren Ergebnis, da in der Zeit, in der nur ein Mitarbeiter anwesend ist, viele Tätigkeiten nicht ausgeführt werden können.

6 Auswirkungen der interaktiven Simulation und Erfahrungen

Durch den interaktiven Charakter des Simulators entstehen zwangsläufig Entscheidungs– und Handlungsspielräume für den Benutzer. Da damit in Abhängigkeit von der handelnden Person möglicherweise unterschiedliche Entscheidungen getroffen werden, kommen selbst bei einem identischen Modell mehr oder weniger unterschiedliche Simulationsergebnisse zustande. Im folgenden wird anhand einer Versuchsreihe mit mehreren Testpersonen auf die Konsequenzen dieser Abhängigkeit eingegangen. Abschließend soll eine Wertung unter Einbeziehung von Erfahrungen bei der Durchführung von Simulationsstudien in mehreren Unternehmen vorgenommen werden.

6.1 Durchführung interaktiver Simulationsläufe mit mehreren Testpersonen

Mit mehreren Testpersonen wurde jeweils ein Simulationslauf mit einem identischen Modell der hybriden Montagezelle aus Kap. 5 durchgeführt. Durch das Modell war der Aufbau der Zelle wie in Bild 43, ein bzw. zwei Systembetreuer sowie genügend Aufträge in einer festgelegten Reihenfolge für einen Tag vorgegeben. Da in der Zelle keine Verzweigungen des Materialflusses auftreten, waren ausschließlich Entscheidungen bzgl. des Personaleinsatzes interaktiv zu treffen.

Bei der Durchführung der Simulationsläufe war von den Testpersonen darauf zu achten, daß der Werker im Modell

- o Störungen an den Roboterstationen rasch behebt,
- o Umrüstarbeiten an den Roboterstationen durchführt,
- o stets genügend Klein– und Rohteile aus dem entsprechenden Lager in den entsprechenden Vorratsbehältern bereitstellt,
- o die Magazine und die Vibrationsförderer immer mit Teilen bestückt und
- o stets genügend Werkstücke an der Aufspannstation in das Umlaufsystem einschleust.

Trotz "geschicktem" Einsatz des Werkers treten jedoch Situationen auf, wobei nicht eindeutig gesagt werden kann, welche Tätigkeit der Werker als nächstes ausführen soll. Bild 54 zeigt beispielsweise eine Situation, bei der gleichzeitig eine Störung an der Montagestation A und an der Prüfstation aufgetreten ist. Als dritte Möglichkeit bietet der Personaleinsatz–Disponent den Transportwagen als Einsatzort für den Werker an. Die "richtige" Entscheidung ist Gefühls– und Erfahrungssache und spiegelt sich letztendlich erst im Ergebnis des gesamten Simulationslaufs wider.

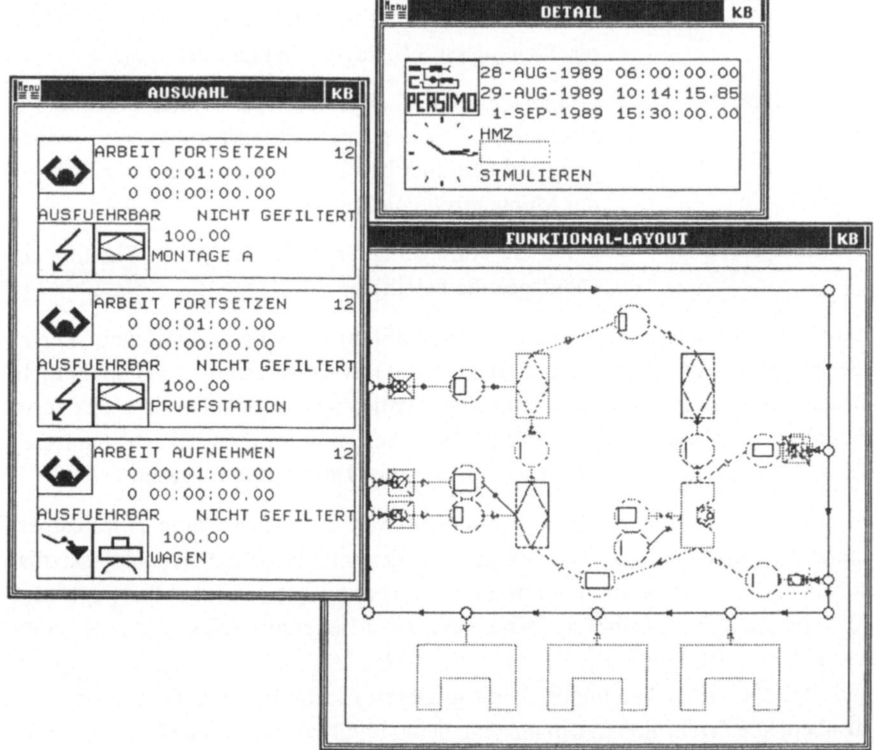

Bild 54: "Schwierige" Entscheidungssituation bei der Personaleinsatzsteuerung in der hybriden Montagezelle

Für die Durchführung der Simulationsreihe wurden folgende Testpersonen mit unterschiedlichem Erfahrungshintergrund in Bezug auf den Planungsgegenstand "Montagezelle" und den eingesetzten Simulator ausgewählt:

Testperson A:	Wissenschaftliche Hilfskraft; hat bereits mehrere Simulationsläufe mit anderen Modellen durchgeführt; keine Kenntnisse der programmtechnischen Realisierung; war bei der Planung der Montagezelle beteiligt.
Testperson B:	Projektleiter im Fachgebiet Arbeitssystemplanung; noch keine Erfahrung im Umgang mit Simulatoren; war bei der Planung der Montagezelle nicht beteiligt.
Testperson C:	Gruppenleiter im Fachgebiet Arbeitssystemplanung; Erfahrung im Umgang mit anderen Simulatoren, jedoch nicht mit dem hier beschriebenen; war bei der Planung der Montagezelle nicht beteiligt.
Testperson D:	Autor der vorliegenden Arbeit; war bei der Planung der Montagezelle beteiligt.

Zum Vergleich wurde der Simulator selbst mit einer "vollautomatischen" Personaleinsatzdisposition (PED) eingesetzt. Interaktive Eingriffe wurden daher nicht ausgeführt. Der automatischc Personaleinsatzdisponent geht bei dabei nach der auf Seite 108 dargelegten Reihenfolge vor. Mit höchster Priorität werden Instandsetz–Tätigkeiten, mit niedrigster Auf– und Abspann–Tätigkeiten ausgeführt.

Bild 55 zeigt einige Ergebnisse der durchgeführten Simulationsläufe. Alle Testpersonen konnten eine höhere Ausbringung als der automatische Personaleinsatzdisponent erzielen. Beim Simulationslauf mit einem Systembetreuer können größere Abweichungen beobachtet werden als mit zwei Betreuern. Dies liegt möglicherweise daran, daß bei einem Systembetreuer die Personalkapazität sehr knapp ist und "falsche" Entscheidungen damit größeren Einfluß auf das Gesamtergebnis ausüben. Die Erfahrung im Umgang mit dem Simulator scheint im Hinblick auf die erzielte Ausbringung keine signifikante Rolle zu spielen.

Die Zeit, die für die Durchführung eines Simulationslaufs benötigt wird, ist beim nicht interaktiven Lauf am kürzesten. Bei den Testpersonen ist der Zeitaufwand für die Durchführung eines Simulationslaufs sicher abhängig von der Erfahrung im Umgang mit dem Simulator. Die "erfahrenen" Testpersonen A und D benötigen weniger Zeit als die im Umgang mit dem Simulator unerfahrenen Testpersonen B und C.

Die Zahl der Arbeitsortwechsel des Systembetreuers ist bei allen Testpersonen geringer als beim Simulator selbst, obwohl bei den Testpersonen zu beobachten war, daß Material an den Montagestationen immer nacheinander nachgefüllt wurde, und zwar unabhängig davon, ob noch genügend Teile vorhanden waren. Die von den Testpersonen während der Durchführung des Simulationslaufs gemachten Aussagen wie "*Wenn er* (der Systembetreuer) *gerade da ist, sollen alle* (Behälter und Magazine) *aufgefüllt werden*" legt die Vermutung nahe, daß bei der Entscheidungsfindung nicht nur rationale, sondern auch menschliche Aspekte eine Rolle spielen.

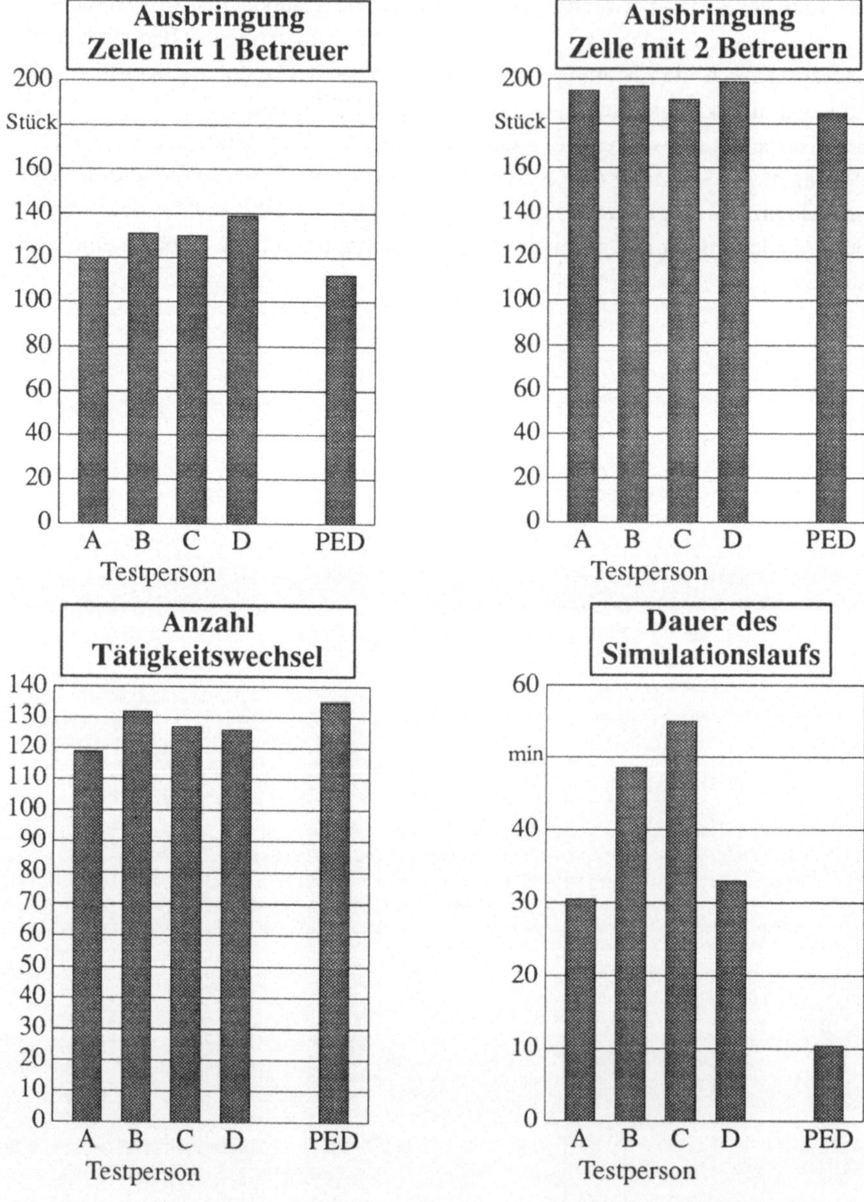

Bild 55: Ergebnisse von Simulationsläufen mit unterschiedlichen Testpersonen und automatischer Personaleinsatz–Disposition (PED)

6.2 Erfahrungen beim Einsatz des interaktiven Simulators

Beim Einsatz des Simulators in mehreren Planungsvorhaben konnten bzgl. der Notwendigkeit von interaktiven Eingriffen in den Simulationslauf Erfahrungen gesammelt werden. Bei der Beschreibung von zwei durchgeführten Simulationsstudien soll weniger das firmenspezifische Ergebnis, als vielmehr die Erfahrungen beim Einsatz des Simulators im Vordergrund stehen.

In einem Planungsvorhaben bei einem Automobilzulieferer sollten beispielsweise Aussagen über ein geeignetes Bandsystem für die Endmontage und die sich damit ergebenden Konsequenzen für die Arbeitsinhalte des Personals mit Hilfe einer Simulationsstudie ermittelt werden. Das Bandsystem sollte so ausgelegt werden, daß einzelne Stationen in den nächsten Jahren nach und nach automatisiert werden können. Die Voraussetzung dafür ist jedoch, daß das Produkt in einer definierten Lage auf einem Werkstückträger fest fixiert werden kann. Erfahrungsgemäß verbleiben unter wirtschaftlichen Gesichtspunkten nicht automatisierbare Verrichtungen und führen als sogenannte Resttätigkeiten oftmals zu unbefriedigenden Arbeitsinhalten. Als Basis zur Erstellung des Simulationsmodells lagen alternative Layoutskizzen (Anhang Kap. 10.4) und ein vorläufiger Arbeitsplan mit den voraussichtlichen Vorgabezeiten an den einzelnen Stationen vor.

Da der Materialfluß durch die Bandanlage im Montagesystem vollkommen automatisiert wird und Daten und Erkenntnisse über die anfallenden indirekten Tätigkeiten noch nicht abzuschätzen waren, konnte mit Hilfe der vorliegenden Layoutskizzen und der Vorgabezeiten für die Montageverrichtungen in wenigen Stunden die entsprechenden Simulationsmodelle aufgebaut, simuliert und wichtige Ergebnisse ermittelt werden (Anhang Kap. 10.4). Interaktive Eingriffe in die Simulationsläufe mit diesen Modellen waren nicht notwendig.

In einer anderen Simulationsstudie wurde die geplante Endmontage einer Firma untersucht, die Maschinen und Anlagen in Einzelfertigung herstellt. In mehreren vorgelagerten Montagebereichen mit je nach Anlage stark schwankenden Arbeitsumfängen bis zu 12 Stunden werden unterschiedliche Anlagenkomponenten montiert. An drei zentralen Endmontageplätzen werden die vorgefertigten Komponenten montiert, eingestellt und einem Funktionstest unterworfen. Aufgrund des erheblichen Platzbedarfs können lediglich Komponenten für maximal zwei Anlagen auf Paletten in Durchlaufregalen in der Endmontage bereitgestellt werden.

Gleich beim ersten Simulationslauf konnte festgestellt werden, daß die Endmontage nicht befriedigend ausgelastet war, da häufig eine oder mehrere Komponenten nicht rechtzeitig bereitgestellt werden konnten. Ursprünglich war man davon ausgegangen, daß die Mitarbeiter einem Montagebereich fest zugeordnet werden. Durch die stark schwankenden Arbeitsumfänge bei den einzelnen Anlagen waren die vorgelagerten Komponentenmontagen jedoch zeitweise über– bzw. zeitweise unterlastet. Die Pufferplätze vor der Endmontage konnten diese Schwankungen nicht ausreichend kompensieren.

Vom Planungsteam wurde deshalb vorgeschlagen, einen oder zwei Monteure als "Springer" in mehreren Komponentenmontagen einzusetzen, um hier einen gewissen Kapazitätsausgleich zu schaffen. In weiteren Simulationsläufen konnte nachgewiesen werden, daß bei "gutem" Springereinsatz in den Komponentenmontagen die Versorgung der Endmontage sichergestellt werden kann. Dieser "gute" Springereinsatz konnte im Simulator durch eine benutzergesteuerte Entscheidungsregel erreicht werden. Dabei muß praktisch der Zustand der gesamten Montage beachtet werden, um den oder die Springer an den Arbeitsplätzen einzusetzen, die zu einem Engpaß in der Endmontage führen würden.

Der Trend, der sich aus den bisher gemachten Erfahrungen ableiten läßt, kann in folgender Aussage zusammengefaßt werden: *"Je automatisierter der Materialfluß und je geringer die geforderte Personaleinsatzflexibilität, desto weniger interaktive Eingriffe werden notwendig"*.

7 Programmtechnische Realisierung

Bei der Implementierung des Systems müssen zunächst Anforderungen beachtet werden, die sich bei interaktiven Programmen von Seiten des Benutzers ergeben. Diese Anforderungen müssen bei der Implementierung berücksichtigt und umgesetzt werden, damit insgesamt ein komfortables Arbeiten mit dem Simulator möglich wird. Abschließend werden einige programmtechnische Kenngrößen dargestellt und erläutert.

7.1 Anforderungen an Hard– und Software

Für die Implementierung des Grafiksystems wird ein hochauflösender Farbbildschirm benötigt. Um Simulationsläufe jederzeit unterbrechen zu können, muß eine asynchrone Eingabeverarbeitung möglich sein. Zum Erreichen eines befriedigenden Antwortzeitverhaltens (Tastaturecho < 0,1 Sek., Kommandobestätigung < 1 Sek. /102/) wird das Simulationsmodell im Hauptspeicher gehalten. Das Simulationsmodell des in Kap. 5 verwendeten Beispielsystems benötigt ungefähr 0,8 Megabyte Hauptspeicher. Umfangreichere Modelle benötigen entsprechend mehr Speicherkapazität. Die Implementierung sollte deshalb eine dynamische Speicherverwaltung verwenden, bei der immer genau so viel Speicherplatz reserviert wird, wie für das aktuelle Modell benötigt wird.

Bei der Durchführung des Simulationslaufs I mit der hybriden Montagezelle wurde das Schalten von 635 029 Transitionen gezählt. Dabei mußten vom Entscheidungssystem 185 930 Entscheidungen getroffen werden. Für die Implementierung kam deshalb nur eine Programmiersprache in Frage, bei der Programme in die Maschinensprache des verwendeten Rechners übersetzt werden können.

Zur Beschreibung der Modellelemente und Zeitbausteine bietet sich die Verwendung von strukturierten Datentypen an. So kann beispielsweise jedes Arbeitssystemelement als Verbundvariable ("record") mit Datenfeldern für Verweise ("pointer") auf seine Zeitbaustein–, Entscheidungs– und Disponentenliste, Attribute (z.B. Pufferkapazität), Verweise auf andere Elemente und aktuelle Zustände implementiert werden.

7.2 Implementierung in PASCAL

Der Simulator wurde auf Workstations des Typs VAXstation 2000 und 3100 der Firma digital equipment unter dem Betriebssystem VMS (Virtual Memory System) und der Oberflächensoftware UIS (User Interface System) entwickelt und implementiert. Diese Workstations verfügen über 6 bis 24 Megabyte Hauptspeicher, einen farbigen Grafikbildschirm mit einer Auflösung von 1000 x 800 Punkten, Tastatur und Maus. Auf dem Bildschirm können gleichzeitig bis zu 256 verschiedene Farben dargestellt werden. Als Implementierungssprache wurde die von Jensen und Wirth /103/ entwickelte Programmiersprache PASCAL verwendet. PASCAL verfügt einerseits über eine dynamische Speicherverwaltung und strukturierte Datentypen und erzeugt andererseits nach der Übersetzung recht schnelle lauffähige Programme.

7.2.1 Implementierung der Petri–Netze

Jede Transition der elementaren Petri–Netze entspricht einem PASCAL Unterprogramm. Die Zustandszyklen werden jeweils durch eine Zustandsvariable des entsprechenden Elementes repräsentiert. Der Ablauf eines jeden Unterprogramms, das eine Transition repräsentiert, ist in Bild 56 dargestellt. Zunächst wird geprüft, ob alle Bedingungen für das Ausführen des Transitions–Unterprogramms zutreffen. Danach wird die Transition ausgeführt und abschließend alle Folgetransitionen aktiviert. Durch diesen Ablauf wird sichergestellt, daß eine Transition immer nur dann schaltet, wenn alle Eingangsstellen mit einer Marke versehen sind, und daß immer alle aktivierten Transitionen ausgeführt werden.

Die ca. 130 Transitions–Unterprogramme bilden damit den Kern des Simulators. Ein solches Unterprogramm besteht aus ca. 30–40 Programmzeilen, der gesamte Simulatorkern besteht aus ca. 4400 Programmzeilen (dies entspricht ungefähr 7% des gesamten Programms).

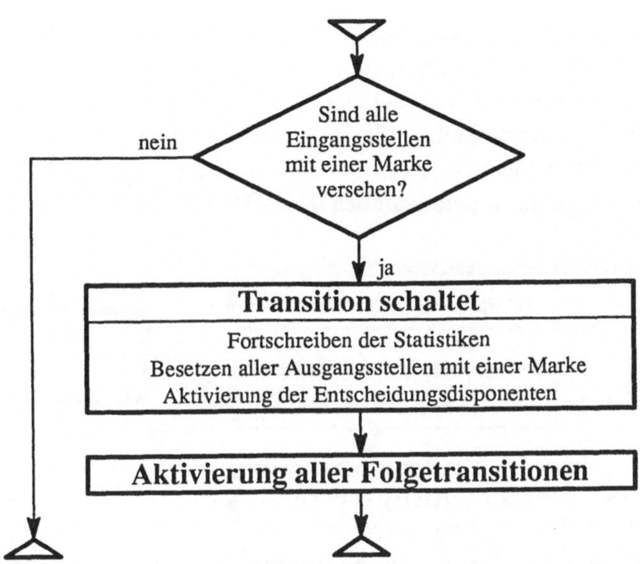

Bild 56: Aufbau der Transition–Unterprogramme

7.2.2 Programm–Module des Simulators

Der Simulator ist modular aus mehreren Teilsystemen aufgebaut (Bild 57). Neben den bereits in Bild 7 dargestellten Teilsystemen sind im "Dialogmanager" Module zusammengefaßt, die folgende Funktionen übernehmen:

Eingabeprüfung:	Syntaktische und semantische Prüfung der Benutzereingaben
Speichermodul:	Speichern von Modellen in Dateien
Lademodul:	Laden von Modellen aus Dateien
Modelleditior:	Erzeugen, Ändern und Löschen von Modellobjekten
Menüverwaltung:	Kontrolle des gesamten Programmablaufs und Bereitstellen von Menüleisten in den jeweiligen Dialogebenen (vgl. Bild 42)
Ausgabefunktionen:	Ausgeben von Statistiken und Simulationsprotokollen auf Dateien

Das Grafiksystem übernimmt die Aufgabe, die Modelldaten in Form der in Kap. 5 dargestellten Fenstertechnik grafisch aufzuarbeiten und Eingaben vom Benutzer über Tastatur und Maus entgegenzunehmen. Das Grafiksystem bedient sich dazu der UIS–Unterprogrammbibliothek, die zur Grundausstattung der verwendeten Workstations gehört. Sollte in den nächsten Jahren ein leistungsfähigeres Grafikpaket angeboten werden, so muß lediglich dieses UIS–Modul ausgetauscht werden.

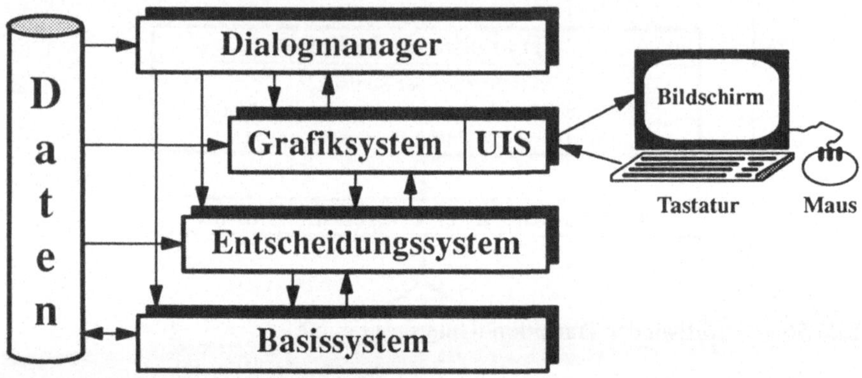

Bild 57: Teilsysteme des interaktiven Simulators

Alle Teilsysteme bedienen sich derselben Datenbasis, in der alle Modelle mit ihren Einzelelementen als verkettete Datenobjekte abgelegt sind (vgl. Anhang Kap. 10.2). Veränderungen von Datenobjekten werden jedoch lediglich vom Basissystem vorgenommen. Im Basissystem sind damit alle wesentlichen Befehle zur Manipulation der Modelldaten vereinigt.

7.3 Programmgröße und Rechenzeit

Das lauffähige (übersetzte) Programm benötigt ca. 0,6 Megabyte Hauptspeicher. Hinzu kommen ca. 0,8 Megabyte Speicherplatzbedarf für fest definierte Variablen wie Texte, Namen und Symbole und der Speicherplatz für die Modelldaten. Für ein komfortables Arbeiten mit dem Simulator sollten dem Benutzer mindestens 3–6 Megabyte Hauptspeicher zur Verfügung stehen.

Bild 58 zeigt die Programmzeilen– und Rechenzeitanteile der Teilsysteme des Simulators. Die Rechenzeiten wurden bei der Durchführung eines Simulationslaufs mit dem in Kap. 5 beschriebenen Basismodell auf einer VAX–Station 3100/30 gemessen.

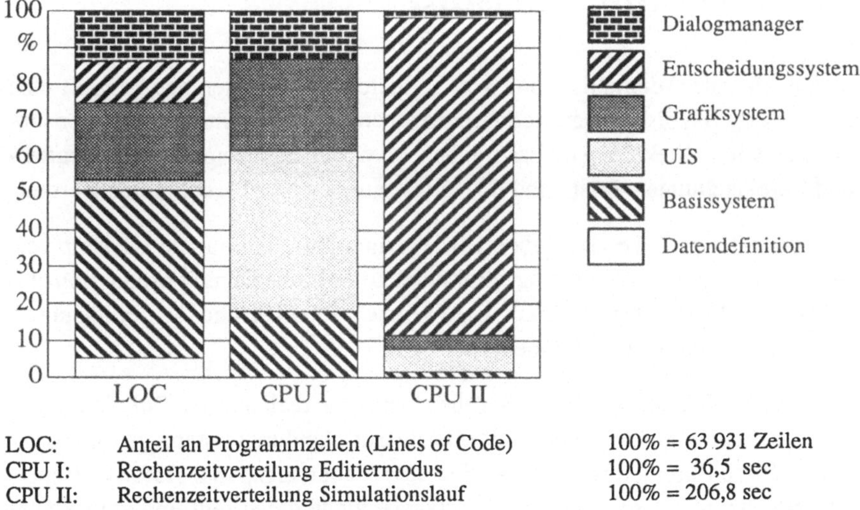

LOC:	Anteil an Programmzeilen (Lines of Code)	100% = 63 931 Zeilen
CPU I:	Rechenzeitverteilung Editiermodus	100% = 36,5 sec
CPU II:	Rechenzeitverteilung Simulationslauf	100% = 206,8 sec

Bild 58: Gegenüberstellung von Implementierungsdaten

Bei den Programmanteilen fällt auf, daß das Basissystem fast die Hälfte der Programmzeilen ausmacht. Dies geht hauptsächlich zu Lasten der aufwendigen Überprüfung der Eingabedaten aus den anderen Teilsystemen.

Im Editiermodus zur Eingabe und Manipulation von Modellen wird der größte Anteil der Rechenzeit zur Pflege der grafischen Oberfläche aufgewendet. Während eines Simulationslaufs werden fast 90% der Rechenzeit vom Entscheidungssystem in Anspruch genommen. Das Basissystem, in dem alle Petri–Netz–Funktionen enthalten sind, benötigt dagegen nur einen geringen Anteil an Rechenzeit. Dies zeigt einerseits, daß die Implementierung des Simulatorkerns effektiv ist, und andererseits, daß selbst das Treffen von relativ einfachen Entscheidungen ungleich mehr Rechenkapazität verbraucht als die Ausführung der elementaren Petri–Netze.

8 Zusammenfassung

Die zunehmende Automatisierung von Teilbereichen der Montage bewirkt eine Verschiebung von bisher eher produktbezogenen (direkten) hin zu produktionsunterstützenden (indirekten) Arbeitsaufgaben. Vom Montagepersonal müssen zunehmend Bereitstellungs–, Rüst– und Instandsetzaufgaben wahrgenommen werden.

Im Rahmen der vorliegenden Arbeit wird ein interaktives Simulationssystem vorgestellt, mit dem hybride Montagestrukturen unter Einbeziehung produktionsunterstützender Tätigkeiten im Hinblick auf Wirtschaftlichkeit und Flexibilität untersucht und bewertet werden können.

Aufgrund der Vielzahl von Einflußgrößen kann eine realitätsnahe Simulation nur durch die Einbindung des Planers als oberste Entscheidungsinstanz gewährleistet werden. Diese Einbindung erfordert eine dem Planer angepaßte grafische Benutzeroberfläche, mit der symbolisch Montagebereiche dargestellt und vom Planer überwacht werden können. Diese neue Form der Simulation, bei der der Planer maßgebliche Entscheidungen im Verlauf der Simulation trifft, ermöglicht neben der Betrachtung produktionsunterstützender Arbeitsaufgaben eine hohe Transparenz der Ergebnisse.

Die elementaren Abläufe im Simulationssystem werden mit Hilfe von Petri–Netzen beschrieben. Dies ermöglicht einen hohen Formalisierungsgrad bereits beim Entwurf des Programmsystems. Mit Hilfe von Meta–Stellen kann der Ablauf in den Petri–Netzen sowohl interaktiv vom Planer als auch von vordefinierten Algorithmen gesteuert werden.

9 Schrifttum

/1/ Bullinger, H.–J., Traut, L.: Die Fabrik der Zukunft. In: Fortschrittliche Betriebsführung und Industrial Engineering 35 (1986) 1, S. 4–12.

/2/ Vähning, H.: Flexibilität von personalintensiven Montagesystemen bei Serienfertigung. Berlin u.a.: Springer, 1985. Zugl. Stuttgart, Universität, Dissertation, 1984.

/3/ Nespeta, H.: Ein Beitrag zur Planung und Bewertung Neuer Arbeitsstrukturen in NE– Metallgießereien. Berlin u.a.: Springer, 1989. Zugl. Stuttgart, Universität, Dissertation, 1989.

/4/ Metzger, H.: Planung und Bewertung von Arbeitssystemen in der Montage. Mainz: Krausskopf, 1977. Zugl. Stuttgart, Universität, Dissertation, 1977.

/5/ Bühner, R.: Entwicklungslinien zukünftiger Fabrikorganisation jenseits von Taylor. In: VDI Zeitschrift für Maschinenbau und Metallbearbeitung 128 (1986) 14, S. 535–539.

/6/ Kinner, N.: Die Simulation als Hilfsmittel zur Planung und Steuerung der Betriebsabläufe. In: VDI–Berichte (1977) 292, S. 39–54.

/7/ Heusi, P.; Simonett, J.: Simulation von Produktions– und Fertigungsanlagen. In: Technische Rundschau 78 (1986) 36, S. 102–105.

/8/ Kühne, K.; Trola, B.: Praxisnah Fertigungssysteme und Produktionsabläufe optimal planen mit Hilfe der Simulation. In: Maschinenmarkt 96 (1990) 27, S. 38–41.

/9/ Weiss, H.: Handeln in komplexen Situationen– Mit dem Computer zusammen simulieren. In: Technische Rundschau 82 (1990) 2, S. 94–96.

/10/ Ueckert, H.: Action Probing on Dynamic, Interaktive Simulation Systems as a Problem–Solving Tool. In: Man–Computer Interaction Research – MACINTER II. Amsterdam: Elsevier Science Publishers, 1989, S. 109–117.

/11/ Petri, C.A.: Kommunikation mit Automaten. Bonn, Universität, Dissertation, 1962.

/12/ Reisig, W.: Petri Netze. In: Computer Magazin 82 (1986) 3, S. 80–91.

/13/ REFA (Hrsg.): Methodenlehre des Arbeitsstudiums – Teil 3: Kostenrechnung, Arbeitsgestaltung. 7. Auflage. München: Hanser, 1985.

/14/ Bullinger, H.–J; Nespeta, H.: Neue Formen der Arbeitsorganisation in der Produktion. In: Arbeitsgestaltung in Produktion und Verwaltung. Köln: Bachem, 1989, S. 410–422.

/15/ Mengens, W.: Rationalisierung in indirekten Unternehmensbereichen. In: Arbeitsvorbereitung 22 (1985) 5, S. 149–150.

/16/ Bullinger, H.–J.: (Hrsg.) Systematische Montageplanung. Handbuch für die Praxis. München, Wien: Hanser, 1986.

/17/ Schmidt, B.: Simulation von Produktionssystemen. In: Simulation in der Fertigungstechnik. Berlin u.a.: Springer, 1988, Fachberichte Simulation, Band 10, S. 1–45.

/18/ Bauer, M.: Werkzeugeinsatz zur Modellierung und Simulation komplexer CIM–Strukturen. In: Produktionsforum '88. Die CIM–fähige Fabrik. Berlin u.a.: Springer 1988, Reihe Forschung und Praxis, Band T9, S. 264–288.

/19/ Hellbrück, G.–M.: Der Einsatz von Simulationswerkzeugen in der praktischen Fabrikplanung. In: Simulation und Integration, 30.–31. Oktober 1989, München/ Hrsg. von ASIM – Arbeitskreis für Simulation in der Fertigungstechnik. München: gfmt, 1990, S. 105–128.

/20/ Heinzel, R.: Die Simulation im Interessenverband zwischen Ausrüstern, Planern, Betreibern und Simulationsexperten. In: Simulationstechnik und Logistik, 3.–4. Juni 1986, Dortmund/ Hrsg. von DGFL – Deutsche Gesellschaft für Logistik e.V.. Dortmund: DGFL – Deutsche Gesellschaft für Logistik e.V., 1986, Reihe Fachtagung, Band 2.

/21/ Jötten, G.: Die Simulation zwischen Wunsch und Wirklichkeit. In: Logistik im Unternehmen 4 (1990) 5, S. 88–91.

/22/ Kuhn, A.: Arbeitsgemeinschaft Simulation – Know–how sammeln und austauschen. In: Logistik im Unternehmen 4 (1990) 5, S. 92.

/23/ Soliman, M.: Simulationssprachen und –pakete für die Codierung diskreter fertigungstechnischer Modelle – Eine Übersicht. In: Automatisierungstechnik at 35 (1987) 2, S. 50–55.

/24/ Law, A.M.; Haider, S.W.: Selecting Simulation Software for Manufacturing Applications: Practical Guidelines & Software Survey. In: Industrial Engineering 21 (1989) 5, S. 33–46.

/25/ Schlüter, K.: Planung einer flexiblen Montagestraße für Schaltgeräte mit Hilfe des Simulators GPSS–Fortran Version III. In: Angewandte Informatik 8 (1987) 9, S. 340–350.

/26/ Ebeling, K.A.; Radi, G.; Stylianides, C.: Use of Simulation in the Analysis of Shop Floor Operations. In: Computers & Industrial Engineering 13 (1987) 13, S. 144–148.

/27/ Hashell, J.; Dahl, S.: Simulation Model Development To Convert Production To Cellular Manufacturing Layout. In: Industrial Engineering 20 (1988) 12, S. 40–45.

/28/ Lay, K.; Scheifele, M.: Simulation of a Flexible Assembly System. In: Simulation in Manufacturing, 5.–7. März 1985, Stratford upon Avon/ Hrsg. von W.B. Hedinbotham, W.B.. Kempston, Bedford, UK: IFS Publications, 1985, S. 141–149.

/29/ Letters, F.: Die Simulation unterstützt die Montageplanung. Vorstellung eines Montage–Modell–Simulators (MOMOS). Informatik Fachberichte 109, Simulationstechnik. Berlin u.a.: Springer, 1984, S. 231–235.

/30/ Rettich, U.; Scheifele, M.: PRESIS – A Processor Tool for Simulation of Flexible Assembly Systems. In: Proceedings of the 8th International Conference for Production Research: Toward the Factory of the Future, 1985, Stuttgart/ Hrsg. von H.–J. Bullinger, H.–J. Warnecke. Berlin u.a.: Springer, 1985, S. 778–783.

/31/ Haddock, J.: A Simulation Generator for Flexible Manufacturing Systems Design and Control. In: IIE Transactions, 20 (1988) 1, S. 22–31.

/32/ Schulze, M.: Simulation in der Fabrikplanung. In: Industrieanzeiger 112 (1990) 27, S. 36–37.

/33/ Law, A.M.; McComas, M.G.: Secrets of Successful Simulations Studies. In: Industrial Engineering 22 (1990) 5, S. 47–51.

/34/ Eversheim, W.; Thome, H.G.: Einsatzgebiete der Simulation im Rahmen des Computer Integrated Manufacturing. In: Simulation in der Fertigungstechnik. Berlin u.a.: Springer, 1988, Fachberichte Simulation, Band 10, S. 46–78.

/35/ Schlaphorst, G.; Heinzel, R.: Verteilte Simulation paralleler Produktions– und Transport–Prozesse unter Verwendung des Multi–Tasking–Konzeptes virtueller Betriebssysteme. In: Simulation in der Fertigungstechnik. Berlin u.a.: Springer, 1988, Fachberichte Simulation, Band 10, S. 413–437.

/36/ Kuhn, A.: Stand der Simulation in der Fertigungstechnik und Entwicklungstendenzen. In: Simulationstechnik. Berlin u.a.: Springer, 1987, Informatik Fachberichte, Band 150, S. 2–27.

/37/ Schneider, P.: Simulation von Lagervorzonen mit SIEMLA 3. In: Simulation in der Fertigungstechnik. Berlin u.a.: Springer, 1988, Fachberichte Simulation, Band 10, S. 198–216.

/38/ Sauer, H.: Mengen– und ablauforientierte Kapazitätsplanung von Montagesystemen. Berlin u.a.: Springer, 1987. Zugl. Stuttgart, Universität, Dissertation, 1987.

/39/ Koether, R.: Verfahren zur Verringerung von Modell–Mix–Verlusten in Fließmontagen. Berlin u.a.: Springer, 1987. Zugl. Stuttgart, Universität, Dissertation, 1987.

/40/ Warnecke, H.–J.; Lentes, H.–P.; Bartenschlager, H.–P.: Untersuchung des Arbeitsverhaltens von Mitarbeitern in Montagesystemen mit Puffern. In: Zeitschrift für Arbeitswissenschaft 34 (1984) 1, S. 35–40.

/41/ Schlüter, K.: Simulation als Hilfmittel für Planung und Betrieb von Produktionssystemen. In: Automatisierungstechnische Praxis atp 29 (1987) 9, S. 416–422.

/42/ Spur, G.; Knupfer, S.; Schüle, E.: Simulationssysteme und die Konstruktion von Werkzeugmaschinen. In: ZwF – Zeitschrift für wirtschaftliche Fertigung 85 (1990) 4, S. 184–187.

/43/ Sowa, J.: Das Simulationssystem SIMIS II. In: f+h – fördern und heben 34 (1984) 7, S. 542–544.

/44/ Sowa, J.: Simulationstechnik als nutzbare Planungshilfe. In: f+h – fördern und heben 35 (1985) 2, S. 100–102.

/45/ Jünemann, R.: Simulation von Materialfluss–Systemen. In: Fördertechnik 56 (1987) 3, S. 19–23.

/46/ Reinhardt, A.: Entwurf von Materialflußsystemen. In: Der Betriebsleiter (1986) 6, S. 43–49.

/47/ Benecke, C.: Simulation von Materialfluß– und Lagerprozessen. In: Fördertechnik 59 (1990) 4, S. 27–30.

/48/ Viehweger, B.; Wieneke, B.: Rechnerunterstützte Planungshilfen für Fertigungssysteme. In: ZwF – Zeitschrift für wirtschaftliche Fertigung 81 (1986) 1, S. 23–28.

/49/ Milberg. J.; Hartberger, H.: PLATO–SIM – Wissensbasierte Simulation in der Anlagenplanung. In: VDI–Z Zeitschrift Entwicklung, Konstruktion, Produktion 132 (1990) 5, S. 51–54.

/50/ Breilmann, E.: FTS– Strategie optimiert. In: Automobil Produktion 4 (1990) 4, S. 116–120.

/51/ Gunsser, P.: Simulation zur Planung von Fahrerlosen Transportsystemen. In: Fördertechnik 59 (1990) 4, S. 17–20.

/52/ Geitz, H.: Organisation und Optimierung von innerbetrieblichen Transportabläufen. In: f+h fördern und heben 40 (1990) 6, S. 380–385.

/53/ o.V.: Simulation proves storage concept. In: Modern Material Handling 45 (1990) 4, S. 123.

/54/ Noche, B.; Jötten, G.: Simulation hilft sparen. Unentbehrliches Hilfsmittel für die Planungspraxis. In: Materialfluß (1990) 3, S. 22–24.

/55/ Scharf, P.; Spies, W.: Fabriksimulation – Ergebnisse einer Befragung von Anwendern. In: VDI–Z Zeitschrift Entwicklung, Konstruktion, Produktion 132 (1990) 11, S. 62–65.

/56/ Montazeri, L.; Gelders, L. F.; van Wassenhove, L. N.: A Modular Simulator for Design, Planning and Control of Flexible Manufacturing Systems. In: The International Journal of Advanced Manufacturing Technology 3 (1988) 1, S. 15–32.

/57/ Spur, G.; Viehweger, B.; Wieneke, B.: Simulationsystem für flexible Fertigungssysteme mit automatisiertem Werkzeugfluß. In: ZwF – Zeitschrift für wirtschaftliche Fertigung 83 (1988) 6, S. 269–274.

/58/ Heusler, H.–J.: CAD–Komfort für Simulation. In: Die neue Fabrik. München: mi–Verlag, Sonderpublikation, März 1988, S. 110–114.

/59/ Auer, B.H.: Simulation für die Planung eines flexiblen Fertigungssystems. In: Simulation in der Fertigungstechnik. Berlin u.a.: Springer, 1988, Fachberichte Simulation, Band 10, S. 108–129.

/60/ Birch, M.J.; Terrell, T.J.; Simpson, R.J.: A Simulation Study of an Automated Sprayshop Conveyor System. In: The International Journal of Advanced Manufacturing Technology 2 (1987) 2, S. 61–67.

/61/ Pham, T.T.; Prestel, M.: Vom CAD– Layout zum Simulationsmodell. In: ZwF – Zeitschrift für wirtschaftliche Fertigung 85 (1990) 6, S. 296–299.

/62/ Standridge, C.: Animating Simulations using TESS. In: Industrial Engineering 10 (1986) 2, S. 121–124.

/63/ Rucker, D.: Advanced Factory Simulation Boosts Design, Implementation for GE Aircraft Engines. In: Industrial Engineering 22 (1990) 4, S. 30–32.

/64/ Wegner, N.; Heinemeyer, W.: Einsatz der Simulationstechnik im Produktions–bereich. Eine vergleichende Literaturübersicht. In: Fortschrittliche Betriebsführung und Industrial Engineering 25 (1976) 4, S. 225–233.

/65/ Stecke, K.E.; Aronson, J.E.: Review of operator/machine interference models. In: International Journal of Production Research 23 (1985) 1, S. 129–151.

/66/ REFA (Hrsg.): Methodenlehre des Arbeitsstudiums. Teil 2 – Datenermittlung –. 6. Auflage. München: Hanser, 1978.

/67/ Thome, H. G.: Graphisch interaktive Simulation von Fertigungs– und Montagesystemen. In: Industrie Anzeiger 108 (1986) 63/64, S. 42–43.

/68/ Schlüter, K.: Simulation und Planung von flexiblen Montagesystemen. In: Simulation in der Fertigungstechnik. Berlin u.a.: Springer, 1988, Fachberichte Simulation, Band 10, S. 151–169.

/69/ Neupert, H.: GRAFSIM – grafisch interaktiver Simulator für flexible Fertigungssysteme mit Werkzeuglogistik. In: Simulation in der Fertigungstechnik. Berlin u.a.: Springer, 1988, Fachberichte Simulation, Band 10, S. 377–390.

/70/ Miner, R.J.; Rolston, L.J.: MAP/1 Users Manual Version 3.1. West Lafayette, Indiana: Pritsker & Associates, Inc., 1986.

/71/ o.V.: DOSIMIS–3. Der benutzerfreundliche Simulator für Materialfluß und Produktionssysteme. Dortmund: SimulationsDienstleistungsZentrum, 1990.

/72/ o.V.: WITNESS. Ihre zukünftigen Fertigungserfolge. Düsseldorf: Istel Visuelle Interaktive Systeme, 1989.

/73/ Seliger, G.; Viehweger, B.; Fabrikmodellierung als Planungsinstrument. In: Simulation in der Fertigungstechnik. Berlin u.a.: Springer, 1988, Fachberichte Simulation, Band 10, S. 79–107.

/74/ Klauke, A.: Entwicklung und Erprobung eines Simulationsmodells zur Planung der Arbeitsteilung an Arbeitssystemen mit numerisch–gesteuerten Werkzeugmaschinen. Aachen, Technische Hochschule, Dissertation, 1980.

/75/ Zülch, G.: Analyse von Organisationsformen im Fertigungsbereich mit Hilfe der Simulation. In: Gestaltung CIM–fähiger Unternehmen. 1. Forschungsbericht der Hochschulgruppe Arbeits– und Betriebsorganisation HAB e.V., 12. Dezember 1988, Frankfurt/ Hrsg. von H. Wildemann. München, gfmt, 1989, S. 291–312.

/76/ Ernst, W.; Zülch, G.: Staff Oriented Simulation of Work Structures. In: 21st International Symposium on Automotive Technology & Automation. Croydon: Automotive Automation Ltd., 1989, Proceedings Vol. II, S. 809–820.

/77/ Zülch, G.; Ernst, W.: Personenbezogene Simulation zum Planen von Fertigungsnestern. In: Arbeitsvorbereitung AV 27 (1990) 6, S. 220–224.

/78/ Feldbrugge, F.; Jensen, K.: Petri Net Tool Overview 1986. In: Petri Nets: Applications and Relationsships to Other Models of Concurrency. Berlin u.a.: Springer, 1986, S. 20–61.

/79/ o.V.: PSItool NET. PSI GmbH: Handbuch für Workstation, Release 3.0, Deutsch.

/80/ Franzen, H.; Relewicz, C.: Systemanalyse und Simulation mit Petri Netzen. In: Simulation in der Fertigungstechnik. Berlin u.a.: Springer, 1988, Fachberichte Simulation, Band 10, S. 363–376.

/81/ Glüer, D.; Schmidt, G.: Die Anwendung von Petri–Netzen zur Modellbildung, Simulation und Steuerungsentwurf bei flexiblen Fertigungssystemen. In: Automatisierungstechnik at 36 (1988) 12, S. 463–471.

/82/ Winkler, P.: Anforderungsbeschreibung mit Netzmodellen. In: Automatisierungstechnische Praxis atp 28 (1986) 2, S. 94–98.

/83/ Krogh, B.H.; Ekberg, G.: Prototype Software for Automatic Generation of On–line Control Programs for Discrete Manufacturing Processes. Pittsburgh: Carnegie Mellon University, 1987, Technical Report 87–3.

/84/ Itter, F.: Simulation einer Produktionsanlage der chemischen Industrie mit Hilfe von Petri Netzen. In: Simulation in der Fertigungstechnik. Berlin u.a.: Springer, 1988, Fachberichte Simulation, Band 10, S. 130–150.

/85/ Meinberg, U.: Rechnergestützte Materialfluß–Technik frühzeitig planen. In: f+h fördern und heben 40 (1990) 5, S. 314–318.

/86/ Warnecke, H.–J.: Die Produktion als Regelkreis, Überlegungen zu seiner Gestaltung. In: Automatisierungstechnische Praxis atp 31 (1989) 3, S. 110–115.

/87/ Kornwachs, K.: Modellbildung zur Problemlösung in Bereichen von Produktion und Dienstleistung. In: FhG Berichte (1985) 3/4, S. 9–16.

/88/ Scheer, A.–W.; Herterich, R.; Wedel, T.: Interaktive Fertigungssteuerung teilautonomer Bereiche. In: Interaktive betriebswirtschaftliche Informations– und Steuerungssysteme. Berlin, New York: de Gruyter, 1989, S. 41–68.

/89/ REFA (Hrsg.): Methodenlehre des Arbeitsstudiums. Teil 1 –Grundlagen–. 7. Auflage. München: Hanser, 1984.

/90/ Warnecke, H.–J.: Der Produktionsbetrieb. Eine Industriebetriebslehre für Ingenieure. Berlin: Springer, 1984.

/91/ Johnsson, M.: Design of a flexible assembly system. In: Proceedings of the 2nd International Conference on Simulation in Manufacturing, 24.–26. June 1986, Chicago, USA/ Hrsg. von J.E. Lenz. Kempston, Bedford, UK: IFS Publications, 1986.

/92/ Bader, A.: Personelle Flexibilität in manuellen Montagesystemen. Berlin: Papyrus Druck, 1986. Zugl. Berlin, Technische Universität, Dissertation, 1986.

/93/ Reisig, W.: Systementwurf mit Netzen. Berlin u.a.: Springer, 1985.

/94/ Abel, D.: Modellbildung und Analyse ereignisorientierter Systeme mit PETRI–Netzen. Düsseldorf: VDI, 1987, Fortschrittsberichte VDI, Reihe 8, Band 142.

/95/ Lautenbach, K.: Exakte Bedingungen der Lebendigkeit für eine Klasse von Petri–Netzen. Bonn, Universität, Dissertation, 1972.

/96/ Beck, C. L.: Modelling and Simulation of Flexible Control Structures for Automated Manufacturing Systems. Pittsburgh: Carnegie Mellon University, 1985.

/97/ Best, E.: Structure Theory of Petri Nets: the Free Choice Hiatus. In: Petri Nets: Central Models and Their Properties. Berlin u.a.: Springer, 1986, S. 168–206.

/98/ Krogh, B.H.; Ekberg, G.: Automatic Programming of Controllers for Discrete Manufacturing Processes. In: 10th World Congress on Automatic Control – Preprints of the International Federation of Automatic Control IFAC, 27.–31. Juli 1987, München/ Hrsg. R. Isermann. Düsseldorf: VDI /VDE Gesellschaft Meß– und Automatisierungstechnik, 1987.

/99/ Lay, K.: Die Arbeitsraumgestaltung manueller Montagearbeitsplätze mit grafischen und wissensbasierten Methoden. Berlin u.a.: Springer, 1988. Zugl. Stuttgart, Universität, Dissertation, 1988.

/100/ Encarnacao, J.; Straßer, W.: Computer Graphics. München: Oldenbourg, 1988, Reihe Datenverarbeitung.

/101/ Warnecke, H.–J.; Bullinger, H.–J.; Hichert, R.: Wirtschaftlichkeitsrechnung für Ingenieure. München, Wien: Hanser, 1980, S. 33–40.

/102/ Schmitt, A.: Dialogsysteme: Kommunikative Schnittstellen, Software–Ergonomie und Systemgestaltung. Mannheim, Wien, Zürich: Bibliographisches Institut, 1983, Reihe Informatik, Band 40.

/103/ Jensen, K.; Wirth, N.: PASCAL: user manual and report. Second Edition. New York u.a.: Springer, 1978.

/104/ Bullinger, H.–J.: Flexibilisierung der Arbeitszeiten aus der Sicht von Werkstatt und Personal. In: Organisationsstrategie und Produktion. 2. Forschungsbericht der Hochschulgruppe Arbeits– und Betriebsorganisation HAB e.V./ Hrsg. von E. Zahn. München: gfmt, 1990, S. 179–212.

10 Anhang

10.1 Beschreibung der hybriden Montagezelle

Die Reihenfolge der Montagetätigkeiten an der Flügelzellenpumpe wird in einem Vorranggraph festgehalten (Bild 59). Dabei werden folgende wesentliche Eigenschaften dokumentiert:

- Reihenfolge der Teilverrichtungen
- Beschreibung der Teilverrichtungen
- Vorgabe– bzw. Prozeßzeit (ohne Zeitanteile für Handhabung und Greiferwechsel)
- Montagelage (Deckel bzw. Antriebsseite oben)
- Bezeichnung der Station bzw. des Arbeitsplatzes, an der die Teilverrichtung ausgeführt wird:

  A: **Montagestation A der Montagezelle**
  B: **Montagestation B der Montagezelle**
  P: **Prüfstation der Montagezelle**
  V1, V2: Vormontagen außerhalb der Zelle
  M1, M2: Manuelle Arbeitsplätze außerhalb der Zelle
  PL, PD: Prüfplätze außerhalb der Zelle

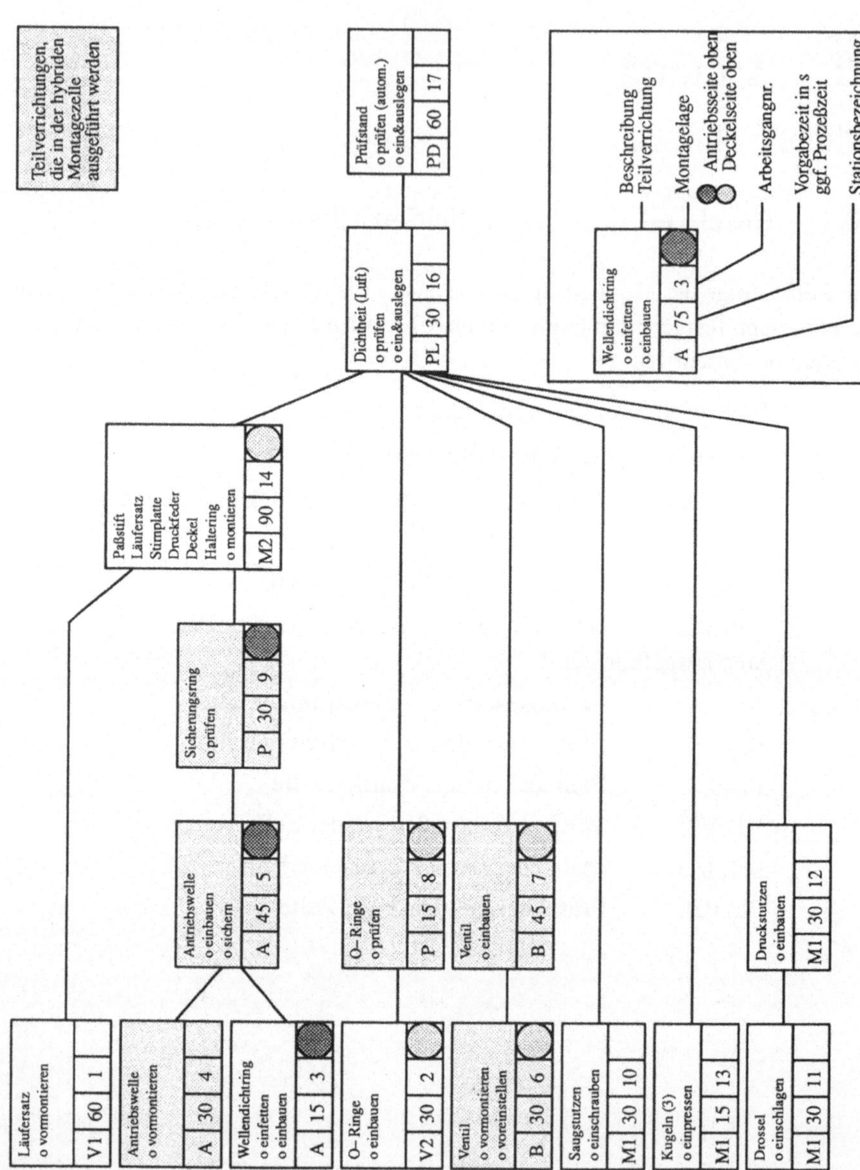

Bild 59: Vorranggraph der Flügelzellenpumpe

Die Stationen der hybriden Montagezelle waren in der Pilotanlage des Sonderforschungsbereichs 158 "Die Montage im flexiblen Produktionsbetrieb" der Universität Stuttgart aufgebaut. Aus Platz– und Kostengründen mußte jedoch auf den Aufbau des manuellen Auf– und Abspannplatzes in der Pilotanlage verzichtet werden. Bild 60 zeigt die Montagestation A, an der die Antriebswelle von einem Doppelrobotersystem vormontiert (Roboter im Hintergrund) und in das Pumpengehäuse eingebaut (Roboter im Vordergrund) wird.

Bild 60: Montagestation A (Wellenkomplettierung)

Bild 61 zeigt den Montageroboter der Station B beim Wenden des Pumpengehäuses (Pumpentyp 2). Die Antriebswelle ist bereits montiert. Im Vordergrund ist der Werkstückträger mit zwei Aufnahmemodulen für die beiden Montagelagen (Dekkel– bzw. Antriebsseite oben) zu sehen.

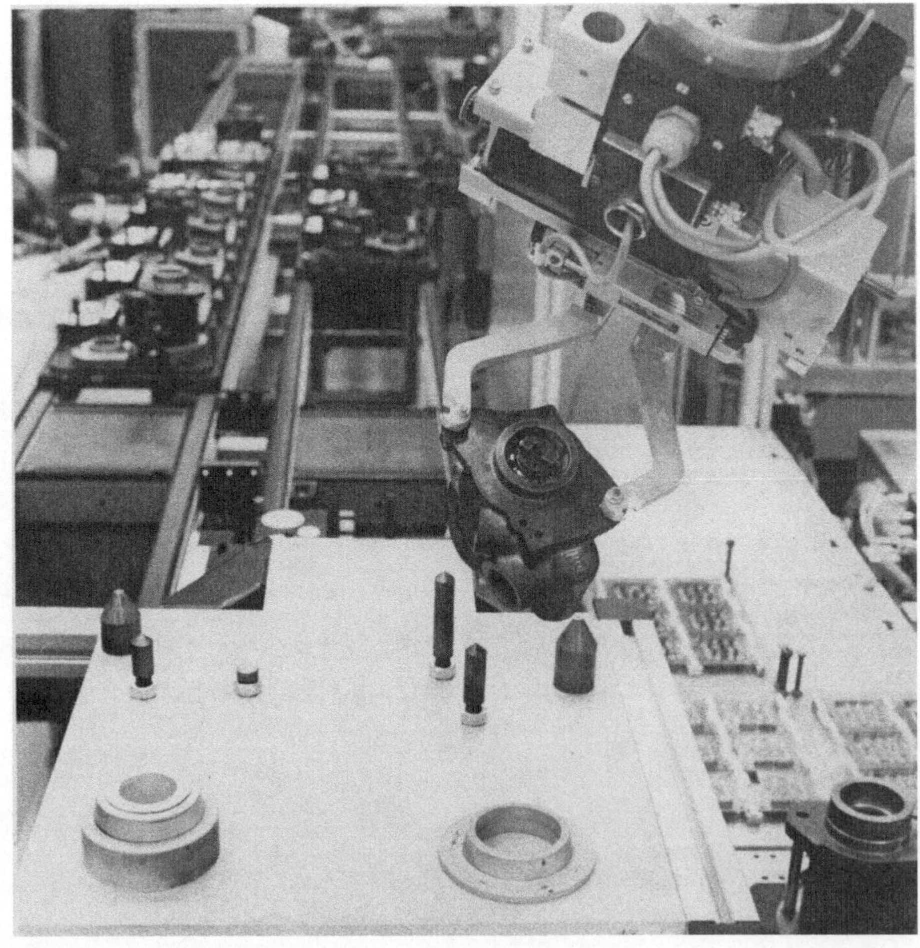

Bild 61: Roboter beim Wenden der Flügelzellenpumpe (Montagestation B)

Bild 62 zeigt das flexible Schraubsystem der Montagestation B, mit dem das Ventil der Pumpe montiert wird. Ebenfalls zu sehen ist das Magazin zum Bereitstellen der Ventildeckel.

Bild 62: Flexibles Schraubwerkzeug zum Fügen des Ventildeckels

Bild 63 zeigt das Bandsystem der Montagezelle. Im Vordergrund links ist der Roboter der Prüfstation beim Überprüfen des Sicherungsrings zu sehen.

Bild 63: Bandsystem der Montagezelle mit Prüfstation

Bild 64 zeigt das Funktional– Layout der Gesamtmontage, die im Rahmen des Arbeitskreises 7 des Sonderforschungsbereichs 158 auf Basis der vorgestellten Pilotstationen geplant wurde. Auf den Ergebnisbericht für die Jahre 1987, 1988 und 1989 wird hier verwiesen. Eine Erläuterung dieser Gesamtmontage ist auch in /104/ enthalten. Diese Darstellung soll verdeutlichen, daß auch umfangreiche Montagesysteme mit dem vorgestellten Simulationsinstrument abgebildet und simuliert werden können.

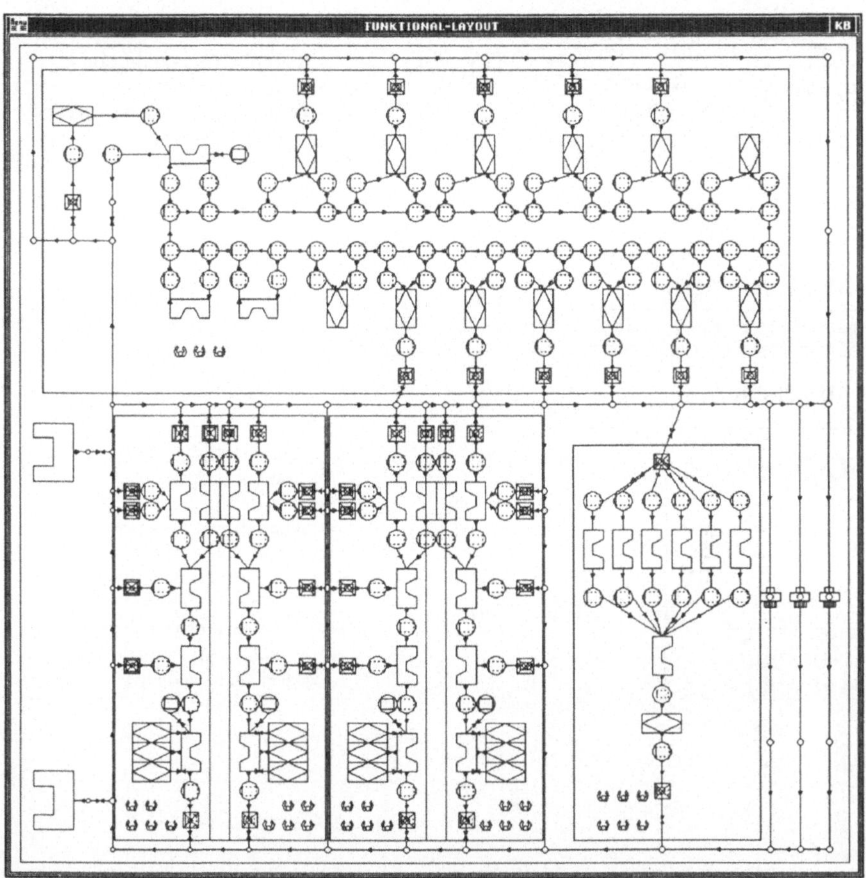

Bild 64: Funktional– Layout der gesamten Montage

10.2 Liste der Objektdarstellungen

Dieser Abschnitt enthält ein Liste aller Objekte des vorgestellten Simulationsinstruments (Stand: 26. Oktober 1990). Die aktuelle Implementierung wurde PERSIMO (**Per**sonal–**Si**mulations–**Mo**dell) genannt. Die Objekte werden durch ihre Bezeichnung, und ihre grafische Darstellung beschrieben. Der Inhalt der einzelnen Datenfelder wird ebenfalls bezeichnet.

Modell

Anzeige	Bedeutung
PERSIMO 28-AUG-1989 06:00:00.00	Start des Simulationslaufs
28-AUG-1989 06:00:00.00	aktuelle Zeit
1-SEP-1989 15:30:00.00	Ende des Simulationslaufs
HMZ	Name des Modells
EDITIEREN	Zustand des Modells
(Uhr)	Simulationsuhr

Montagebereich

Mitarbeiter

Anzeige	Bedeutung
100.00	Grundleistungsgrad
100.00	Ladeleistungsgrad
100.00	Fahrleistungsgrad
100.00	Montierleistungsgrad
100.00	Rüstleistungsgrad
100.00	Instandsetzleistungsgrad
SYSTEMBETREUER	Name des Mitarbeiters
ARB. FEHLT	Arbeitsstatus (aus Petri–Netz)
ABWESEND	Funktion (aus Petri–Netz)
MONTAGEZELLE	Montagebereich

Arbeitsplatz

AUFSPANNSTATION
BRINGEN ENDE
INTAKT
8 0 4 0
ZELLE

Ausführung Tätigkeit (alles)
Ausführung Tätigkeit Versorgen
Ausführung Tätigkeit Entsorgen
Ausführung Tätigkeit Montieren
Ausführung Tätigkeit Rüsten
Instandsetzen Bedienung
Arbeitsplatzname
Funktion (aus Petri–Netz)
Verfügbarkeit (aus Petri–Netz)
Anzahl Arbeitsgänge
Anzahl Instandsetzfälle
Anzahl Disponenten
Anzahl Ereignisse
Montagebereich

Automatenstation

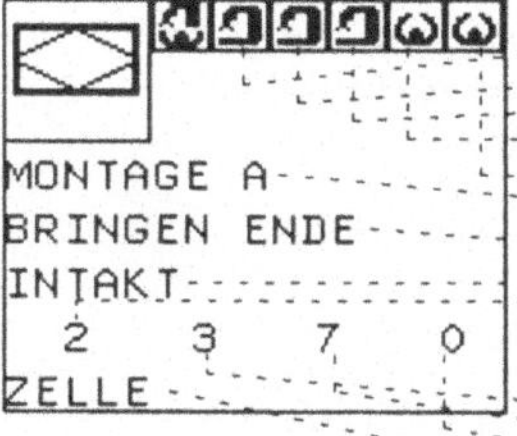

Ausführung Tätigkeit (alles)
Ausführung Tätigkeit Versorgen
Ausführung Tätigkeit Entsorgen
Ausführung Tätigkeit Montieren
Ausführung Tätigkeit Rüsten
Instandsetzen Bedienung
Name Automatenstation
Funktion (aus Petri–Netz)
Verfügbarkeit (aus Petri–Netz)
Anzahl Arbeitsgänge
Anzahl Instandsetzfälle
Anzahl Disponenten
Anzahl Ereignisse
Montagebereich

Transportbehälter

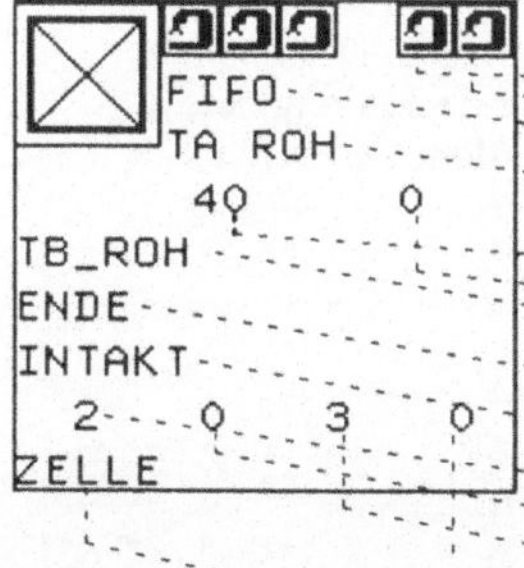

Ausführung Tätigkeit (alles)
Ausführung Tätigkeit Versorgen
Ausführung Tätigkeit Entsorgen
Ausführung Tätigkeit Rüsten
Instandsetzen Bedienung
Pufferart
Anschluß
Kapazität
Inhalt
Transportbehältername
Funktion (aus Petri–Netz)
Verfügbarkeit (aus Petri–Netz)
Anzahl Pufferregeln
Anzahl Instandsetzfälle
Anzahl Disponenten
Anzahl Ereignisse
Montagebereich

Lager

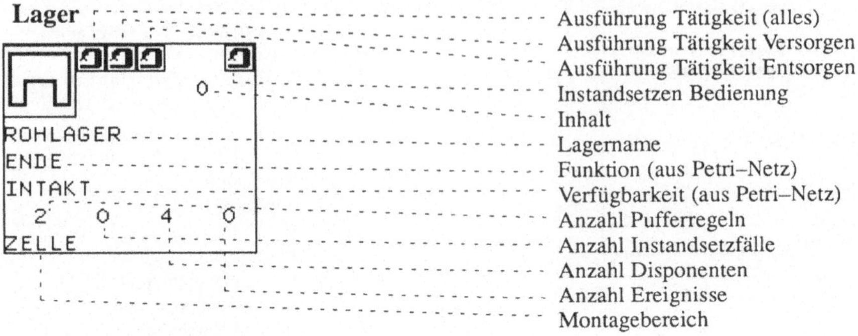

```
ROHLAGER
ENDE
INTAKT
  2   0   4   0
ZELLE
```

- Ausführung Tätigkeit (alles)
- Ausführung Tätigkeit Versorgen
- Ausführung Tätigkeit Entsorgen
- Instandsetzen Bedienung
- Inhalt
- Lagername
- Funktion (aus Petri–Netz)
- Verfügbarkeit (aus Petri–Netz)
- Anzahl Pufferregeln
- Anzahl Instandsetzfälle
- Anzahl Disponenten
- Anzahl Ereignisse
- Montagebereich

Verkettungselement

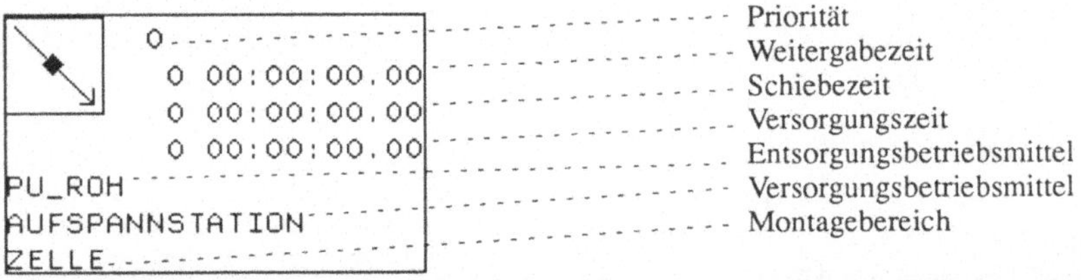

```
        0
          0 00:00:00.00
          0 00:00:00.00
          0 00:00:00.00
PU_ROH
AUFSPANNSTATION
ZELLE
```

- Priorität
- Weitergabezeit
- Schiebezeit
- Versorgungszeit
- Entsorgungsbetriebsmittel
- Versorgungsbetriebsmittel
- Montagebereich

Automatisches Transportfahrzeug

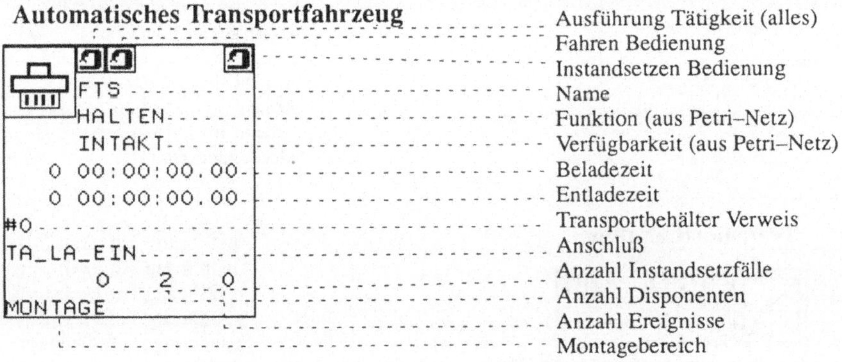

```
         FTS
         HALTEN
         INTAKT
      0 00:00:00.00
      0 00:00:00.00
#0
TA_LA_EIN
          0   2   0
MONTAGE
```

- Ausführung Tätigkeit (alles)
- Fahren Bedienung
- Instandsetzen Bedienung
- Name
- Funktion (aus Petri–Netz)
- Verfügbarkeit (aus Petri–Netz)
- Beladezeit
- Entladezeit
- Transportbehälter Verweis
- Anschluß
- Anzahl Instandsetzfälle
- Anzahl Disponenten
- Anzahl Ereignisse
- Montagebereich

Manuelles Transportfahrzeug

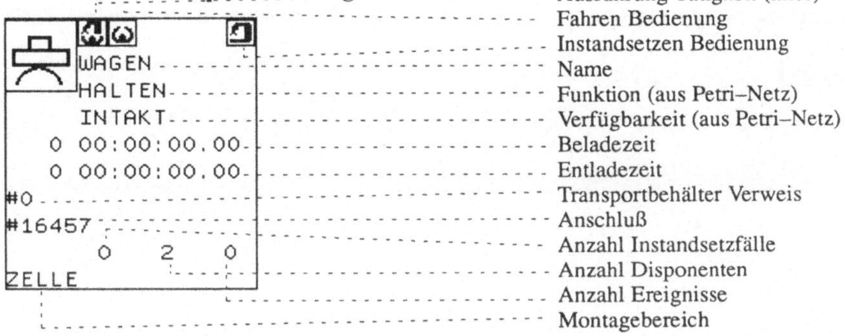

WAGEN
HALTEN
INTAKT
0 00:00:00.00
0 00:00:00.00
#0
#16457
0 2 0
ZELLE

Ausführung Tätigkeit (alles)
Fahren Bedienung
Instandsetzen Bedienung
Name
Funktion (aus Petri–Netz)
Verfügbarkeit (aus Petri–Netz)
Beladezeit
Entladezeit
Transportbehälter Verweis
Anschluß
Anzahl Instandsetzfälle
Anzahl Disponenten
Anzahl Ereignisse
Montagebereich

Transportanschluß

1
TA ROHLAGER
ZELLE

Anzahl Transportstrecken
Name
Montagebereich

Transportstrecke

0 00:00:05.00
0
STRECKE_1_2
TEILETA

Fahrzeit
Priorität
Name
nächster Transportanschluß

Schicht

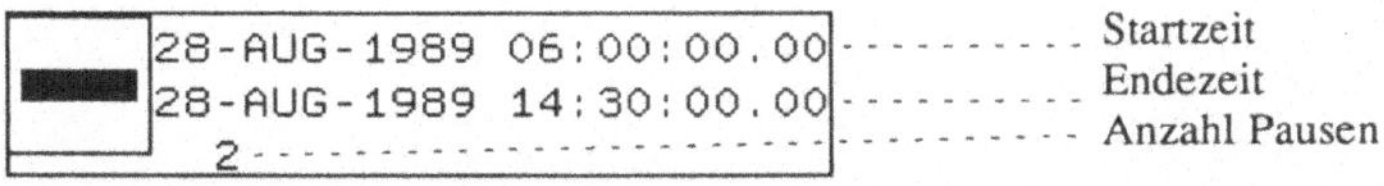

28-AUG-1989 06:00:00.00
28-AUG-1989 14:30:00.00
2

Startzeit
Endezeit
Anzahl Pausen

Pause

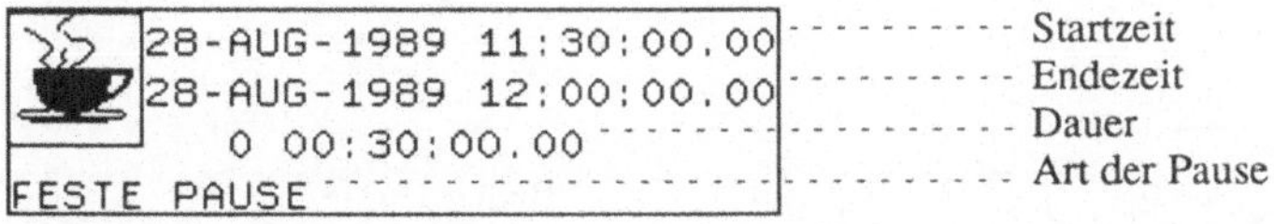

28-AUG-1989 11:30:00.00
28-AUG-1989 12:00:00.00
0 00:30:00.00
FESTE PAUSE

Startzeit
Endezeit
Dauer
Art der Pause

Leistungsgrad

100.00
0
0
LEIST.GRAD. BN INSTANDSETZEN
AUFSPANNSTATION

Leistungsgrad
Priorität
Anzahl Detail–Leistungsgrade
Art
Betriebsmittel

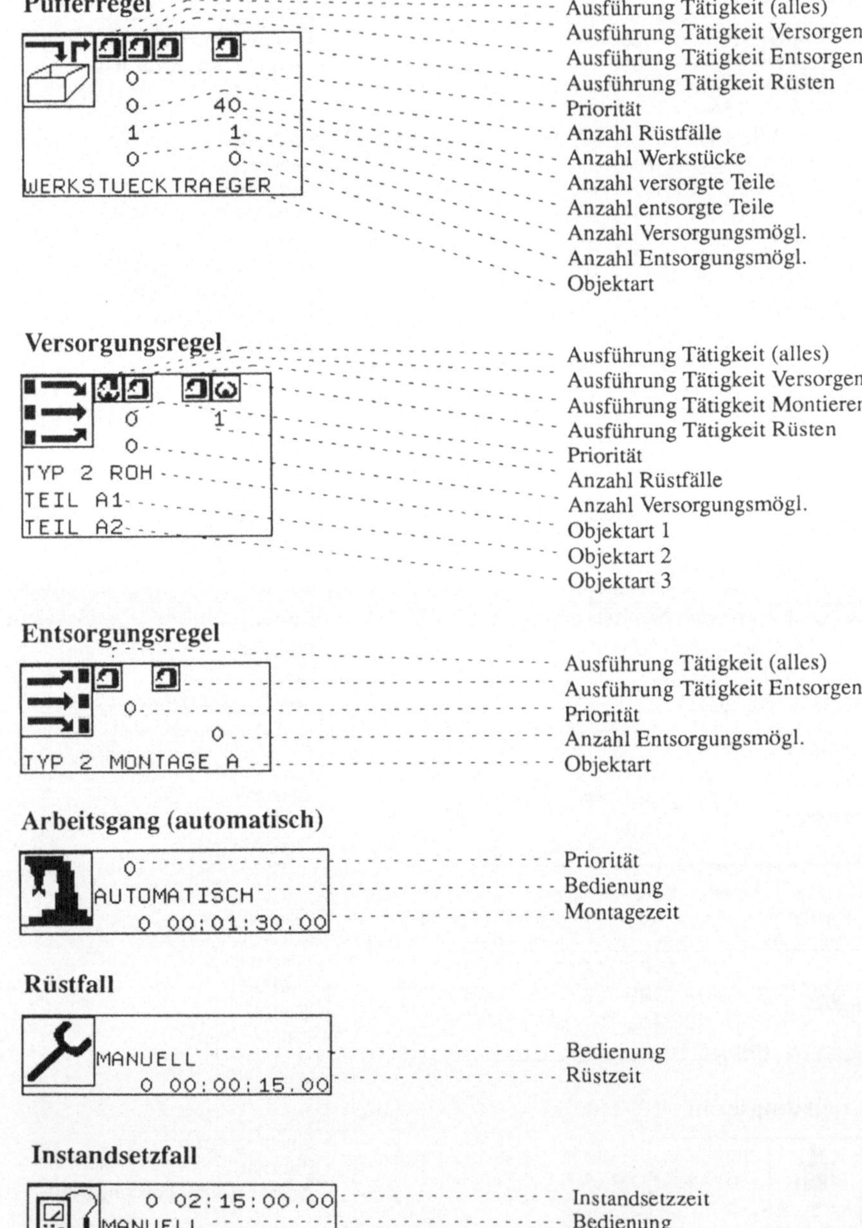
Pufferregel
0
0 40
1 1
0 0
WERKSTUECKTRAEGER
Ausführung Tätigkeit (alles)
Ausführung Tätigkeit Versorgen
Ausführung Tätigkeit Entsorgen
Ausführung Tätigkeit Rüsten
Priorität
Anzahl Rüstfälle
Anzahl Werkstücke
Anzahl versorgte Teile
Anzahl entsorgte Teile
Anzahl Versorgungsmögl.
Anzahl Entsorgungsmögl.
Objektart
Versorgungsregel
0 1
0
TYP 2 ROH
TEIL A1
TEIL A2
Ausführung Tätigkeit (alles)
Ausführung Tätigkeit Versorgen
Ausführung Tätigkeit Montieren
Ausführung Tätigkeit Rüsten
Priorität
Anzahl Rüstfälle
Anzahl Versorgungsmögl.
Objektart 1
Objektart 2
Objektart 3
Entsorgungsregel
0
0
TYP 2 MONTAGE A
Ausführung Tätigkeit (alles)
Ausführung Tätigkeit Entsorgen
Priorität
Anzahl Entsorgungsmögl.
Objektart
Arbeitsgang (automatisch)
0
AUTOMATISCH
0 00:01:30.00
Priorität
Bedienung
Montagezeit
Rüstfall
MANUELL
0 00:00:15.00
Bedienung
Rüstzeit
Instandsetzfall
0 02:15:00.00
MANUELL
HYDRAULIK LECKT
Instandsetzzeit
Bedienung
Name

Arbeitsgegenstand (Werkstück)

Anzeige	Bedeutung
19	Werkstücknummer
WERKSTUECKTRAEGER	Objektart
WT_VORRAT	Werkstückort

Objektart (Klasse von Arbeitsgegenständen)

Anzeige	Bedeutung
TYP 1 MONTAGE A	Name
ZELLE	Montagebereich

Ereignis

Anzeige	Bedeutung
0 00:01:40.00	Dauer
0 00:01:40.00	Vorgabezeit
100.00	Leistungsgrad
1.00	Exogenfaktor
28-AUG-1989 06:28:00.99	Eintrittszeitpunkt
MONTAGE B	Betriebsmittel bzw. Mitarbeiter
#1401	Zeitbausteinname bzw. –nummer
MONTIEREN ENDE	Ereignisart (aus Petri–Netzen)

Fertigungsauftrag

Anzeige	Bedeutung
0	Priorität
1400	Losgröße
0	Anzahl Rohwerkstücke
0	Anzahl Fertigwerkstücke
0	Anzahl Ereignisse
FERTIGUNGSAUFTRAG	Art des Auftrags
FREIGEGEBEN	Zustand
ROHTEILE	Objektart
TEILELAGER	Lager
ZELLE	Montagebereich

Materialauftrag

Anzeige	Bedeutung
0	Priorität
1400	Losgröße
1400	Anzahl Rohwerkstücke
0	Anzahl Fertigwerkstücke
0	Anzahl Ereignisse
MATERIALAUFTRAG	Art
FREIGEGEBEN	Zustand
TEIL A1	Objektart
TEILELAGER	Lager
ZELLE	Montagebereich

Transportauftrag

Anzeige	Bedeutung
TA ROHLAGER	Transportanschluß Start
TA A1	Transportanschluß Ziel
TA A1	Transportanschluß Ruheposition

Lagerfächer

Bildschirmanzeige	Bedeutung
10000	Anzahl Werkstücke
TEIL A2	Objektart

Entscheidungs–Disponent

Bildschirmanzeige	Bedeutung
AUFSPANNSTATION	Element
DISPOSITION	Art
-AKTIVIEREN	Aktivierungspunkte
VERSORGUNGDISPONENT	Art des Disponenten
NICHT GEFILTERT	Filter Art
NICHT AKTIV	Funktion
1	Interaktion
0	Anzeigebedingung
BEACHTE MA BEI DISP	Mitarbeiterdisposition
0 00:00:00.00	Wiederholzeit
0 00:00:00.00	Wartezeit
NUR AUSFUEHRBARE 8	
> PRIO NACH FUELLSTAND 8 5	
PRIORITAET 8 1	
5 / 1	Priorität
WAHRSCHEINLICHKEIT 8	Anzahl Eintrittsbedingungen
8	Filterart

Animation

Bildschirmanzeige	Bedeutung
AUFSPANNSTATION	Element
ANIMATION	Art
+KEIN ACTPOINT	Aktivierungspunkte
ELEMENTZUSTAENDE	Darstellungsart
0 00:00:00.00	Wartezeit

Ereignisprotokoll

Bildschirmanzeige	Bedeutung
AUFSPANNSTATION	Element
EREIGNIS PROTOKOLL	Art
-AUSFUEHREN	Aktivierungspunkte
STAT.txt	Filename

Zufallsverteilung

Bildschirmanzeige	Bedeutung
FTS	Element
ZUFALL	Art
+ABSTELLEN START	Aktivierungspunkte
2582663	Startwert für Zufallszahl (Random Seed)
POISSON	Verteilungsart
0.50	Erwartungswert

Element–Zeit–Statistik

Anzeige	
MONTAGE A	Element
ELEMENTSTATISTIK	Art
28-AUG-1989 06:00:00.00	Start–Zeit
28-AUG-1989 06:00:00.00	Zeit
28-SEP-1989 15:30:00.00	Ende–Zeit
	Zeitanteile:
0 00:00:00.00	Holen Start
0 00:00:00.00	Holen Ende
0 00:00:00.00	Holen unterbrochen
0 00:00:00.00	Bringen Start
0 00:00:00.00	Bringen Ende
0 00:00:00.00	Bringen unterbrochen
0 00:00:00.00	Montieren Start
0 00:00:00.00	Montieren Ende
0 00:00:00.00	Montieren unterbrochen
0 00:00:00.00	Rüsten Start
0 00:00:00.00	Rüsten unterbrochen
0 00:00:00.00	Gestört
0 00:00:00.00	Instandsetzen
0 00:00:00.00	Instandsetzen unterbrochen

Stück–Statistik

Anzeige	
TB_B	Element
STUECKSTATISTIK	Art
28-AUG-1989 06:00:00.00	Start–Zeit
28-AUG-1989 06:00:00.00	Zeit
28-SEP-1989 15:30:00.00	Ende–Zeit
0	Aufgenommene Werkstücke
0	Abgebene Werkstücke
0.00	Durchschn. Werkstückanzahl

Zeitbaustein–Statistik

Anzeige	
GREIFER AUSWECHSELN	Element
ZEITBAUSTEINSTAT.	Art
28-AUG-1989 06:00:00.00	Start–Zeit
28-AUG-1989 06:00:00.00	Aktuelle Zeit
28-SEP-1989 15:30:00.00	Ende–Zeit
0	Anzahl
0 00:00:00.00	Dauer
0 00:00:00.00	Durchschn. Vorgabezeit
0.00	Durchschn. Leistungsfaktor
0.00	Durchschn. Exogenfaktor

10.3 Kostenvergleichsrechnung im Anwendungsbeispiel

Die Ergebnisse aus zwölf Simulationsläufen wurden als Ausgangsdaten für eine Kostenvergleichsrechnung (/101/, S. 33–36) herangezogen. Da für diese Arbeit die Kenntnis der absoluten Kosten unerheblich ist, werden alle Kostenarten in fiktiven "monetären Einheiten" (ME) angegeben. Bild 65 zeigt die durchgeführte Kostenvergleichsrechnung. Die einzelnen Positionen wurden dabei wie folgt berechnet bzw. von den Spezialisten im Planungsteam abgeschätzt:

Pos. 1: Die Investitionen umfassen den geschätzten Anschaffungswert der beiden Montagestationen, der Prüfstation, der Arbeitsplätze, des Bandsystems und des Nacharbeitsplatzes. Die Anschaffungskosten für eine verlängerte Bandstrecke zur Realisierung der vergrößerten Puffer wurden ebenfalls berücksichtigt.

Pos. 2: Als Nutzungsdauer für alle Komponenten wurde ein Zeitraum von 5 Jahren festgelegt.

Pos. 3: Zur Ermittlung der jährlichen Ausbringung (LE = Leistungseinheit) wurden die mit Hilfe der Simulation ermittelten Wochenstückzahlen (ohne Ausschuß) auf ein Jahr (50 Wochen) hochgerechnet.

Pos. 4: Die lineare Abschreibung der Investition über die Nutzungsdauer ergibt die kalkulatorische Abschreibung (Pos. 1 / Pos. 4).

Pos. 5: Die kalkulatorischen Zinsen wurden mit 10% des halben Anschaffungswertes berechnet (Pos. 1 / 2 · 0,10).

Pos. 6: Die Raumkosten richten sich nach der für die Montagezelle benötigten Produktionsfläche multipliziert mit einer Kostenpauschale je Quadratmeter. Damit schlagen je nach Alternative die zusätzlichen Raumkosten durch vergrößerte Bandstrecken und für den zusätzlichen Nacharbeitsplatz zu Buche.

Pos. 7: Die Versicherungskosten wurden mit 7% der Investitionen veranschlagt (Pos. 1 · 0,07).

Pos. 8: Die Summe von Pos. 4–7 ergibt die jährlichen Fixkosten.

Pos. 9: Die jährlichen Fixkosten werden auf die zu erwartende jährliche Ausbringung (Pos. 8 / Pos. 3) umgelegt.

Pos. 10: Zur Berechnung wurden unterschiedliche Stundensätze für Facharbeiter (Systembetreuer, Einsteller) und Hilfsarbeiter (Helfer) zugrundegelegt, die Lohn– und Lohnnebenkosten enthalten. Die regelmäßige wöchentliche Arbeitszeit beträgt bei allen untersuchten Alternativen 38,75 Stunden.

Pos. 11: Die Energiekosten basieren auf einem festen Kostensatz je Betriebsstunde. Die tägliche Betriebszeit beträgt 8,5 Stunden, bei versetzten Arbeitszeiten 9,5 Stunden (jeweils mit Pausendurchlauf).

Pos. 12: Die Instandhaltungskosten (Materialkosten, Personalkosten und Fremdleistungen) wurden pauschal mit 8% der jeweiligen Investition veranschlagt (Pos. 1 · 0,08 / Pos. 3).

Pos. 13: Sonstige variable Kosten wurden nicht berücksichtigt.

Pos. 14: Die Summe von Pos. 10–13 ergibt die variablen Kosten je Leistungseinheit.

Pos. 15: Die Summe von Pos. 9 und 14 ergibt die Vergleichskosten je Leistungseinheit.

Pos	Kostenart	Einheit	Simulationslauf I – VI					
			I	II	III	IV	V	VI
1	Investition	(ME)	676500	688500	728500	676500	688500	676500
2	Nutzungsdauer	(Jahre)	5	5	5	5	5	5
3	Ausbringung	(LE/Jahr)	40150	40700	41050	47750	48500	49850
4	kalk. Abschreibung	(ME/Jahr)	135300	137700	145700	135300	137700	135300
5	kalk. Zins	(ME/Jahr)	33825	34425	36425	33825	34425	33825
6	Raumkosten	(ME/Jahr)	11232	13728	14352	11232	13728	11232
7	Versicherung	(ME/Jahr)	47355	48195	50995	47355	48195	47355
8	Σ fixe Kosten	(ME/Jahr)	227712	234048	247472	227712	234048	227712
9	fixe Kosten je LE	(ME/LE)	5,67	5,75	6,03	4,77	4,83	4,57
10	Löhne	(ME/LE)	1,79	1,76	1,75	3,00	2,96	2,88
11	Energiekosten	(ME/LE)	1,06	1,04	1,04	0,89	0,88	0,85
12	Instandhaltungskost.	(ME/LE)	1,35	1,35	1,42	1,13	1,14	1,09
13	sonst. var. Kosten	(ME/LE)	0,00	0,00	0,00	0,00	0,00	0,00
14	Σ variable Kosten	(ME/LE)	4,19	4,16	4,20	5,03	4,97	4,81
15	Σ Kosten	(ME/LE)	9,86	9,91	10,23	9,79	9,79	9,38

Pos	Kostenart	Einheit	Simulationslauf VII – XII					
			VII	VIII	IX	X	XI	XII
1	Investition	(ME)	688500	676500	688500	728500	688500	688500
2	Nutzungsdauer	(Jahre)	5	5	5	5	5	5
3	Ausbringung	(LE/Jahr)	51700	54000	54900	54200	47750	44200
4	kalk. Abschreibung	(ME/Jahr)	137700	135300	137700	145700	137700	137700
5	kalk. Zins	(ME/Jahr)	34425	33825	34425	36425	34425	34425
6	Raumkosten	(ME/Jahr)	13728	11232	13728	14352	13728	13728
7	Versicherung	(ME/Jahr)	48195	47355	48195	50995	48195	48195
8	Σ fixe Kosten	(ME/Jahr)	234048	227712	234048	247472	234048	234048
9	fixe Kosten je LE	(ME/LE)	4,53	4,22	4,26	4,57	4,90	5,30
10	Löhne	(ME/LE)	2,77	2,66	2,61	2,65	2,60	2,81
11	Energiekosten	(ME/LE)	0,82	0,88	0,87	0,88	0,89	1,07
12	Instandhaltungskost.	(ME/LE)	1,07	1,00	1,00	1,08	1,15	1,25
13	sonst. var. Kosten	(ME/LE)	0,00	0,00	0,00	0,00	0,00	0,00
14	Σ variable Kosten	(ME/LE)	4,66	4,54	4,48	4,60	4,64	5,13
15	Σ Kosten	(ME/LE)	9,19	8,75	8,74	9,16	9,54	10,42

Σ Summe ME Monetäre Einheit LE Leistungseinheit

Bild 65: Kostenvergleichsrechnung[1] für 12 Simulationsläufe

[1] Diese Konstenvergleichsrechnung wurde mit einem Tabellenkalulationsprogramm erstellt. Die einzelnen Werte in Pos. 9–15 wurden im Tabellenkalulationsprogramm auf zwei Nachkommastellen gerundet. Daher können in der Tabelle kleine Rundungsfehler auftreten.

10.4 Planungsgrundlagen und Simulationsmodelle in einem Praxisbeispiel

Im Auftrag eines Unternehmen der Elektroindustrie wurden im Rahmen einer Simulationsstudie mehrere Planungsalternativen untersucht. Art und Anzahl der Montagestationen und Arbeitsplätze sind bei allen Alternativen nahezu identisch. Die einzelnen Alternativen unterscheiden sich im wesentlichen durch die Bandanlage, die den Transport der Werkstückträger (WT) zwischen den Stationen gewährleisten soll. Bei den Alternativen D und E sind Aufspann– und Verpackstation an einem manuellen Arbeitsplatz zusammengefaßt.

Von jeder Alternative lag eine Layoutskizze vor, aus der die Anordnung der automatischen Montagestationen und der manuellen Arbeitsplätze an der Bandanlage hervorgeht. Bild 66 zeigt einen Überblick über fünf Planungsalternativen, die auf den folgenden Seiten dargestellt werden. Ebenfalls angegeben wird die mit Hilfe des vorgestellten Simulationsinstruments ermittelten Abweichungen von der geplanten Ausbringung, die zuvor in einer statischen Kapazitätsrechnung ermittelt wurde.

Die mit Hilfe der Simulationsstudie ermittelten Daten (z.B. Auslastung von Arbeitsstationen und Montagepersonal, Ausbringung) bildeten zum einen die Basis für Wirtschaftlichkeitsbetrachtungen, zum anderen lieferten sie wertvolle Hinweise auf potentielle Engpässe und Schwachstellen. Diese sollen im Rahmen der Feinplanungsphase beachtet und nach Möglichkeit vermieden werden. Sobald eine ausschreibungsreife Feinplanung für das Montagesystem vorliegt, wird erneut eine Simulationsstudie auf detaillierter0em Niveau durchgeführt.

Bezeichnung	Alternative Kurzbeschreibung	Abweichung von der geplanten Ausbringung	Bild–Nr. Anordnungsskizze	Bild–Nr. Funktionallayout
A	Automaten im Hauptfluß Manuelle Stationen im Nebenfluß	–30 %	67	68
B	Automaten mit Aushubstation im Hauptfluß Manuelle Stationen im Nebenfluß	–21 %	69	70
C	Automaten im Nebenfluß mit Ausnahme der Station H, Manuelle Stationen im Nebenfluß	–10 %	71	72
D	Automaten und manuelle Stationen im Nebenfluß mit Doppelüberschiebern	–4 %	73	74
E	Automaten und manuelle Stationen im Nebenfluß mit zwei Überschiebern	–3 %	75	76

Bild 66: Übersicht der Planungsalternativen im Praxisbeispiel

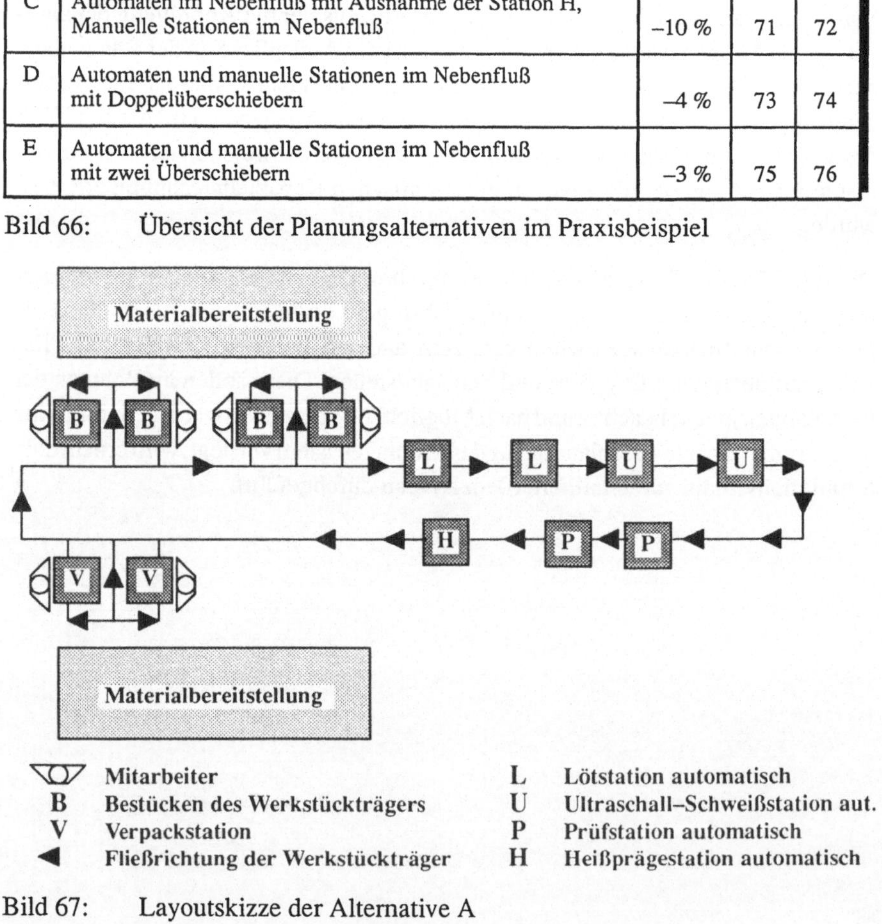

Bild 67: Layoutskizze der Alternative A

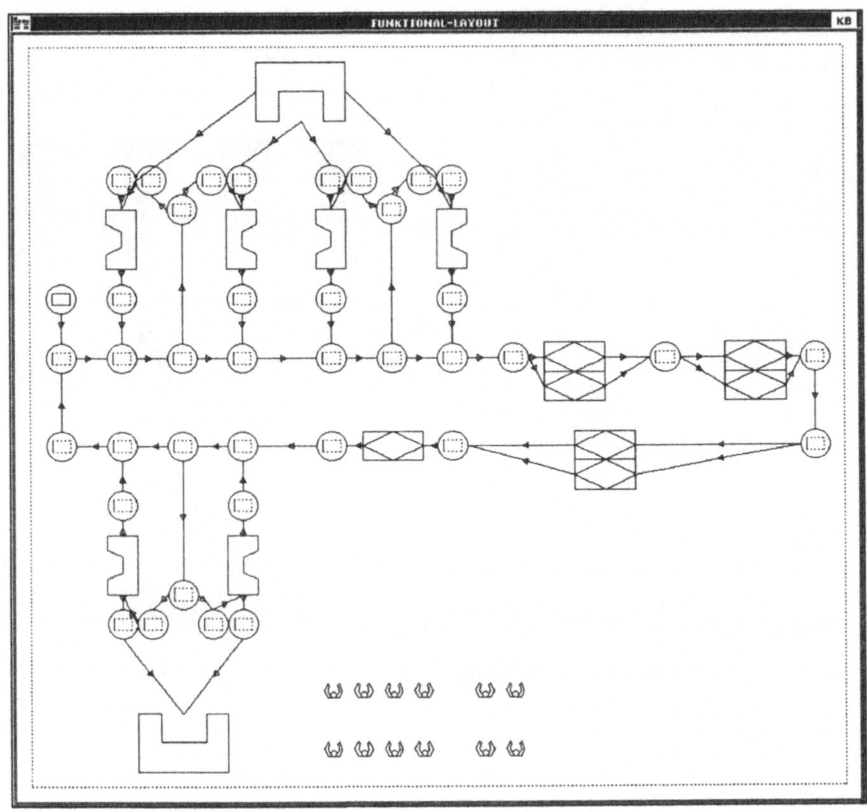

Bild 68: Funktional–Layout der Alternative A

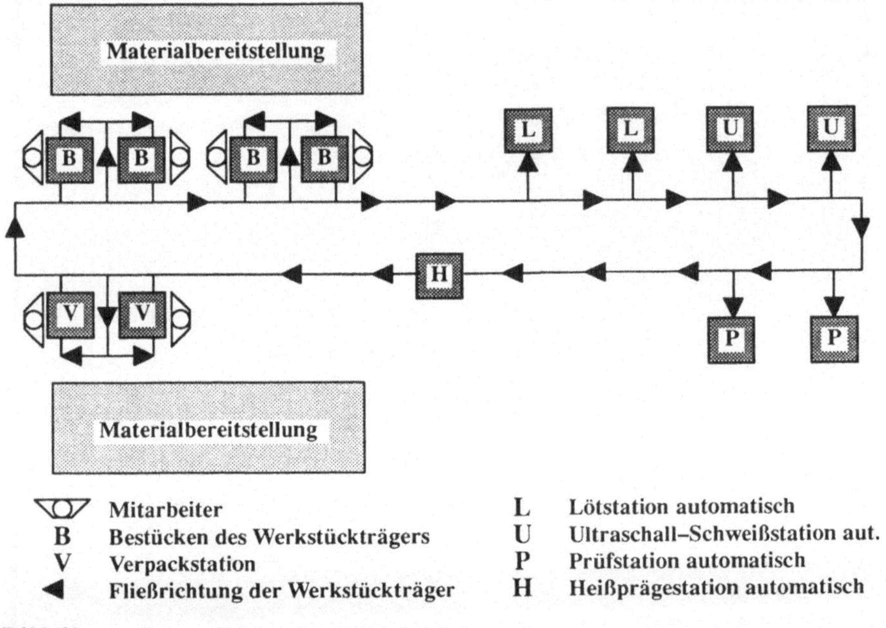

Bild 69: Layoutskizze der Alternative B

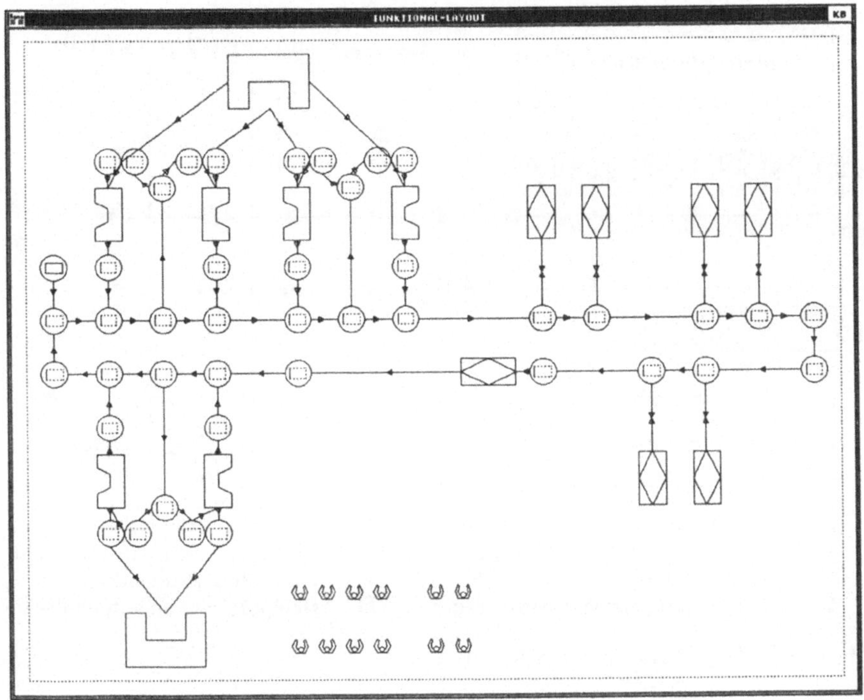

Bild 70: Funktional–Layout der Alternative B

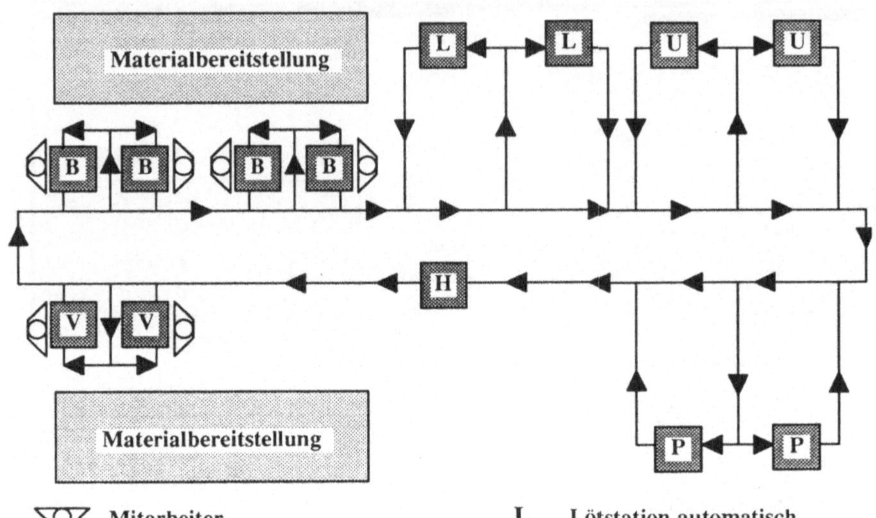

(Symbol)	Mitarbeiter	L	Lötstation automatisch
B	Bestücken des Werkstückträgers	U	Ultraschall–Schweißstation aut.
V	Verpackstation	P	Prüfstation automatisch
◄	Fließrichtung der Werkstückträger	H	Heißprägestation automatisch

Bild 71: Layoutskizze der Alternative C

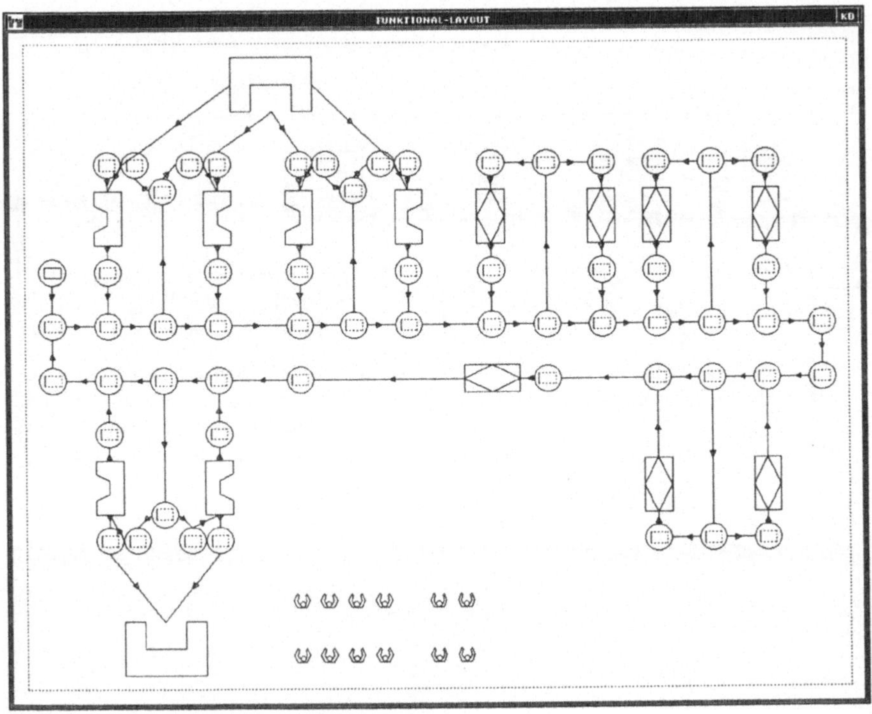

Bild 72: Funktional–Layout der Alternative C

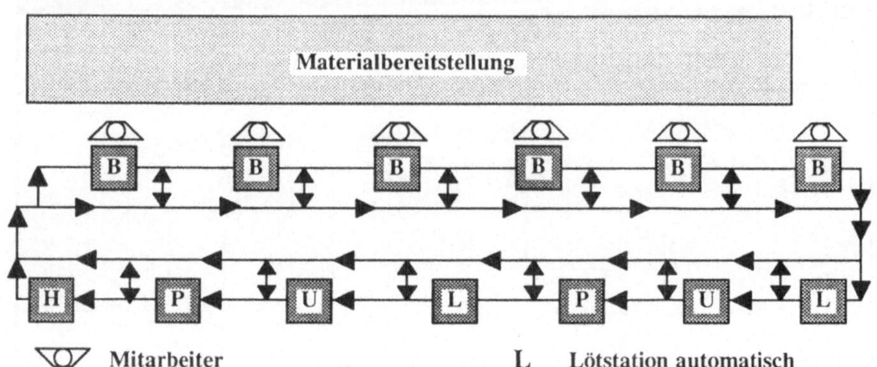

Bild 73: Layoutskizze der Alternative D

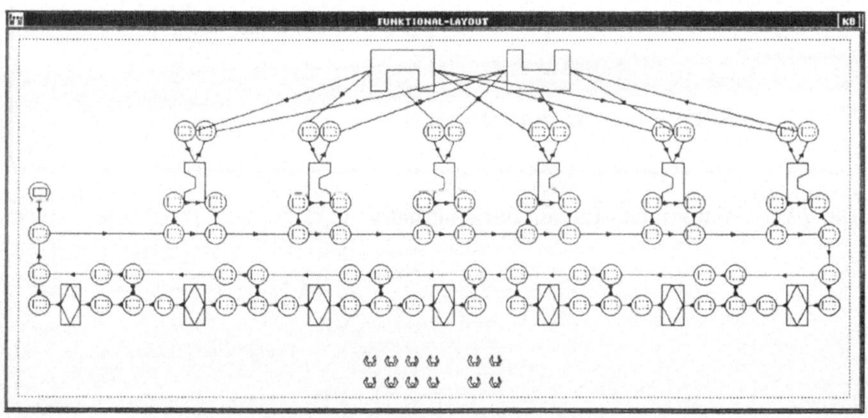

Bild 74: Funktional–Layout der Alternative D

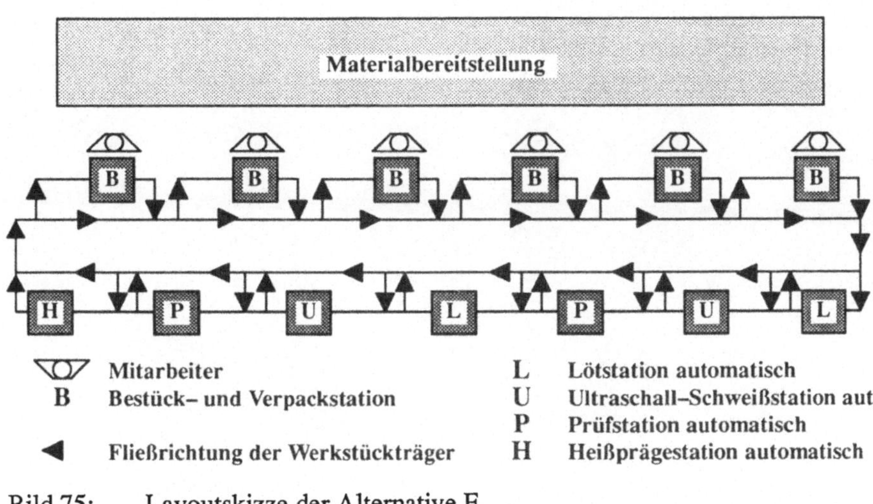

Bild 75: Layoutskizze der Alternative E

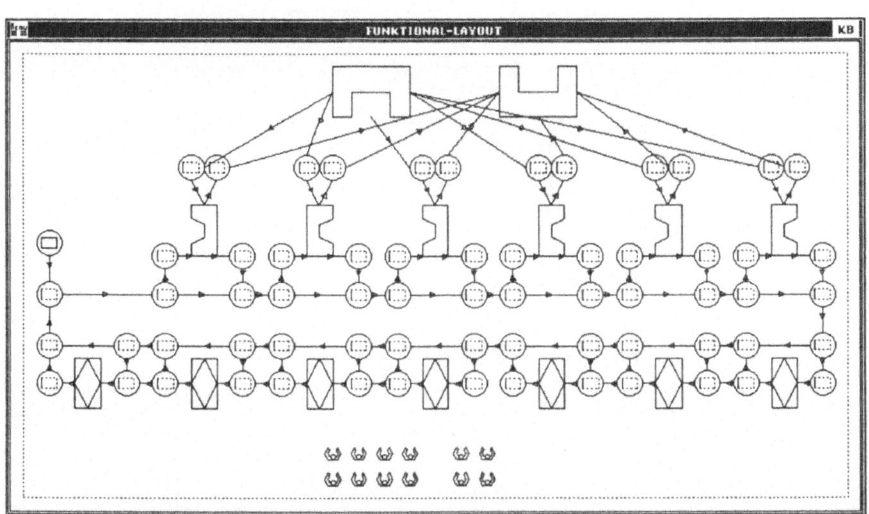

Bild 76: Funktional–Layout der Alternative E

IPA Forschung und Praxis

Schriftenreihe aus dem Institut für Produktionstechnik und Automatisierung, Stuttgart

Herausgeber: Prof. Dr.-Ing. H. J. Warnecke

Datenerfassung im Produktionsbereich
Von E. Bendeich. ISBN 3-7830-0117-8.
1977, 176 Seiten, kartoniert. 54,— DM

Methodenauswahl für die Materialbewirtschaftung in Maschinenbau-Betrieben
Von H. Graf. ISBN 3-7830-0136-6.
1977, 144 Seiten, kartoniert. 54,— DM

Systematische Auswahl von Förderhilfsmitteln für den innerbetrieblichen Materialfluß
Von W. Rau. ISBN 3-7830-0139-0.
1977, 103 Seiten, kartoniert. 40,— DM

Grundlagen zur Planung von Ersatzteilfertigungen
Von E. Schulz. ISBN 3-7830-0138-2.
1977, 98 Seiten, kartoniert. 40,— DM

Rechnerunterstützte Fabrikplanung
Von B. Minten. ISBN 3-7830-0116-1.
1977, 124 Seiten, kartoniert. 38,— DM

Eine Planungsmethode für automatische Montagesysteme
Von H.-G. Löhr. ISBN 3-7830-0120-X.
1977, 108 Seiten, kartoniert. 32,— DM

Planung und Bewertung von Arbeitssystemen in der Montage
Von H. Metzger. ISBN 3-7830-0131-5.
1977, 108 Seiten, kartoniert. 40,— DM

Klassifizierungssystem für Prüfmittel der industriellen Längenprüftechnik
Von R. Czetto. ISBN 3-7830-0144-7.
1978, 181 Seiten, kartoniert. 64,— DM

Rechnerunterstützte Montageplanung
Von O. Hirschbach. ISBN 3-7830-0149-8.
1978, 146 Seiten, kartoniert. 52,— DM

Rechnerunterstützte Entwicklung von Simulationsmodellen für Unternehmensplanspiele
Von A. Moker. ISBN 3-7830-0147-1.
1978, 181 Seiten, kartoniert. 64,— DM

Arbeitsplatzanalysen zur Ermittlung der Einsatzmöglichkeiten und Anforderungen an Industrieroboter
Von G. Herrmann. ISBN 37830-0151-X.
1978, 113 Seiten, kartoniert. 40,— DM

MFSP — Ein Verfahren zur Simulation komplexer Materialflußsysteme
Von G. Stemmer. ISBN 3-7830-0118-8.
1977, 140 Seiten, kartoniert. 60,— DM

Berührungslose Erkennung durch Positionsbestimmung von Objekten durch inkohärent-optische Korrelation
Von M. König. ISBN 3-7830-0137-4.
1977, 110 Seiten, kartoniert. 40,— DM

Auslegung von Störungspuffern in kapitalintensiven Fertigungslinien
Von R. v. Stetten. ISBN 3-7830-0140-4.
1977, 154 Seiten, kartoniert. 56,— DM

Flexible Transportablaufsteuerung
Von G. Römer. ISBN 3-7830-0114-5.
1977, 188 Seiten, kartoniert. 60,— DM

Rechnergestützte Realplanung von Fabrikanlagen
Von T.-K. Sauter. ISBN 3-7830-0119-6.
1977, 108 Seiten, kartoniert. 32,— DM

Systematisches Auswählen und Konzipieren von programmierbaren Handhabungsgeräten
Von R. D. Schraft. ISBN 3-7830-0115-3.
1977, 108 Seiten, kartoniert. 32,— DM

Auslandsproduktion
Von W. Cypris. ISBN 3-7830-0145-5.
1978, 126 Seiten, kartoniert. 42,— DM

Wirtschaftlicher Einsatz von Mehrkoordinatenmeßgeräten
Von M. Dietzsch. ISBN 3-7830-0148-X.
1978, 142 Seiten, kartoniert. 52,— DM

Fertigungssteuerung bei flexiblen Arbeitsstrukturen
Von K.-G. Lederer. ISBN 3-7830-0146-3.
1978, 128 Seiten, kartoniert. 42,— DM

Untersuchungen zum Polieren und Entgraten durch elektrochemisches Oberflächenabtragen
Von K. Zerweck. ISBN 3-7830-0150-1.
1978, 110 Seiten, kartoniert. 40,— DM

Stufenweise Ableitung eines praktischen Planungssystems für den Entwicklungsbereich
Von R. Hichert. ISBN 3-7830-0149-8.
1978, 151 Seiten, kartoniert. 52,– DM

Produktionsplanung mit Auftragsfamilien
Von U. W. Geitner. ISBN 3-7830-0161.7.
1979, 110 Seiten, kartoniert. 45,– DM

Thermisch-chemisches Entgraten
Von T. Wagner. ISBN 3-7830-0164-1.
1979, 111 Seiten, kartoniert. 45 – DM

Untersuchung der Materialflußkosten bei ausgewählten Systemen der Zentralen Arbeitsverteilung
Von R. Wenzel. ISBN 3-7830-0162-5.
1979, 168 Seiten, kartoniert. 86,– DM

Anpassung und Einführung eines Planungssystems für die Ablaufplanung im Konstruktionsbereich
Von W. Dangelmaier. ISBN 3-7830-0163-3.
1979, 168 Seiten, kartoniert 80,– DM

Längenmessungen an bewegten Teilen mit berührungslos wirkenden Aufnehmern
Von H. Lang. ISBN 3-7830-0157-9
1979, 89 Seiten, kartoniert. 42,– DM

Untersuchung multistabiler Strömungselemente und ihr Einsatz in sequentiellen Steuerungen
Von A. Ernst. ISBN 3-7830-0157-9.
1979, 122 Seiten, kartoniert. 48,– DM

Taktile Sensoren für programmierbare Handhabungsgeräte
Von M Schweizer ISBN 3-7830-0158-7.
1979, 91 Seiten, kartoniert. 42,– DM

Die rechnerunterstützte Prüfplanung
Von P Blasing ISBN 3-7830-0152-8.
1979, 100 Seiten, kartoniert. 44,– DM

Verfahren zur Fabrikplanung im Mensch-Rechner-Dialog am Bildschirm
Von W. Ernst ISBN 3-7830-0156-0.
1979, 218 Seiten, kartoniert 72,– DM

Rechnerunterstütztes Verfahren zur Leistungsabstimmung von Mehrmodell-Montagesystemen
Von M. Gorke ISBN 3-7830-0155-2.
1979, 139 Seiten, kartoniert 50,– DM

Standortbezogene Betriebsmittel
Von G. Pflieger. ISBN 3-7830-0167-6.
1979, 127 Seiten, kartoniert. 52,– DM

Die betriebswirtschaftliche Beurteilung neuer Arbeitsformen
Von B.-H Zippe. ISBN 3-7830-0168-4.
1979, 350 Seiten, kartoniert. 98,– DM

Untersuchung des Arbeitsverhaltens programmierbarer Handhabungsgeräte
Von B. Brodbeck. ISBN 3-7830-0169-2.
1979, 117 Seiten, kartoniert. 48,– DM

Untersuchung eines kohärent-optischen Verfahrens zur Rauheitsmessung
Von N Rau ISBN 3-7830-0174-9
1979, 117 Seiten, kartoniert 48,– DM

Entwicklung einer programmierbaren, pneumatischen Steuerung
Von D Klemenz. ISBN 3-7830-0171-4.
1979, 93 Seiten, kartoniert. 42,– DM

IPA Forschung und Praxis

Berichte aus dem Fraunhofer-Institut für Produktionstechnik und Automatisierung, Stuttgart, und dem Institut für Industrielle Fertigung und Fabrikbetrieb der Universität Stuttgart

Herausgeber: Prof. Dr.-Ing. H. J. Warnecke

---

38 **Arbeitsgangterminierung mit variabel strukturierten Arbeitsplänen — Ein Beitrag zur Fertigungssteuerung flexibler Fertigungssysteme**
Von U. Maier. ISBN 3-540-10213-2.
1980, 111 Seiten mit 45 Abbildungen. 43,— DM

39 **Kapazitätsabgleich bei flexiblen Fertigungssystemen**
Von P. S. Nieß. ISBN 3-540-10372-4.
1980, 151 Seiten mit 57 Abbildungen 48,— DM

40 **Schichtdickenverteilung auf galvanisierten Paßteilen am Beispiel kleiner abgesetzter Wellen und Bohrungen**
Von D. Wolfhard. ISBN 3-540-10373-2.
1980, 177 Seiten mit 83 Abbildungen 48,— DM

41 **Planung von Mehrstellenarbeit unter Berücksichtigung von Umfeldaufgaben**
Von S. Haußermann. ISBN 3-540-10374-0.
1980, 136 Seiten mit 59 Abbildungen 48,— DM

42 **Untersuchungen zur Schmierfilmdicke in Druckluftzylindern — Beurteilung der Abstreifwirkung und des Reibungsverhaltens von Pneumatikdichtungen mit Hilfe eines neu entwickelten Schmierfilmdicken-meßverfahrens**
Von R. Köhnlechner. ISBN 3-540-10375-9
1980, 100 Seiten mit 38 Abbildungen und 4 Tabellen. 43,— DM

43 **Typologie zum überbetrieblichen Vergleich von Fertigungssteuerungsverfahren im Maschinenbau**
Von G. Rabus. ISBN 3-540-10376-7.
1980, 174 Seiten mit 88 Abbildungen und 21 Tafeln. 48,— DM

44 **System zur Planung des Umlaufbestandes in Betrieben mit Serienfertigung**
Von K.-G. Wilhelm. ISBN 3-540-10377-5.
1980, 142 Seiten mit 67 Abbildungen und 15 Tafeln. 48,— DM

45 **Rechnerunterstützte Arbeitsplanerstellung mit Kleinrechnern, dargestellt am Beispiel der Blechbearbeitung**
Von W. Hoheisel. ISBN 3-540-10505-0.
1981, 169 Seiten mit 74 Abbildungen. 48,— DM

46 **Beitrag zur Verbesserung der Wirtschaftlichkeit EDV-unterstützter Fertigungssteuerungssysteme durch Schwachstellenanalyse**
Von J. Lienert. ISBN 3-540-10506-9.
1981, 148 Seiten mit 37 Abbildungen. 48,— DM

47 **Die Abscheidung von Öl an Entlüftungsöffnungen drucklufttechnischer Anlagen**
Von W.-D. Kiessling. ISBN 3-540-10604-9.
1981, 117 Seiten mit 48 Abbildungen und 3 Tabellen. 43,— DM

48 **Dynamische Optimierung technisch-ökonomischer Systeme**
Von J. Warschat. ISBN 3-540-10717-7.
1981, 132 Seiten mit 60 Abbildungen. 43,— DM

49 **Bildsensor zur Mustererkennung und Positionsmessung bei programmierbaren Handhabungsgeräten**
Von H. Geißelmann. ISBN 3-540-10735-5.
1981, 125 Seiten mit 52 Abbildungen. 43,— DM

50 **Verfügbarkeitsberechnung für komplexe Fertigungseinrichtungen**
Von Ekkehard Gericke. ISBN 3-540-10779-7.
1981, 132 Seiten mit 71 Abbildungen. 43,— DM

51 **Materialflußgestaltung in Fertigungssystemen**
Von Willi Rößner. ISBN 3-540-10888-2.
1981, 149 Seiten mit 76 Abbildungen. 48,— DM

52 **Beitrag zur Analyse der Auswirkungen der Mikroelektronik, dargestellt am Beispiel der Büromaschinen-Industrie**
Von Werner Neubauer. ISBN 3-540-10991-9.
1981, 145 Seiten mit 27 Abbildungen und 47 Tabellen. 43,— DM

53 **Modelle von Informationssystemen zur kurzfristigen Fertigungssteuerung und ihre Gestaltung nach betriebsspezifischen Gesichtspunkten**
Von Roland Gentner. ISBN 3-540-10992-7.
1981, 181 Seiten mit 69 Abbildungen und 7 Tabellen. 48,— DM

54 **Entwicklung von Verfahren zur Terminplanung und -steuerung bei flexiblen Montagesystemen**
Von Jürgen H. Kolle. ISBN 3-540-11227-8.
1981, 132 Seiten mit 64 Abbildungen und 1 Faltplan. 43,— DM

55 **Arbeits- und Kapazitätsteilung in der Montage**
Von Stefan Dittmayer. ISBN 3-540-11228-6.
1981, 124 Seiten und 56 Abbildungen. 43,— DM

56 **Beitrag zur systematischen Planung der Qualitätsprüfung bei Klein- und Mittelserienfertigung**
Von Herbert Babic. ISBN 3-540-11325-8
1982, 108 Seiten mit 38 Abbildungen und 7 Tabellen. 53,— DM

57 **Methode zur rechnerunterstützten Einsatzplanung von programmierbaren Handhabungsgeräten**
Von Uwe Schmidt-Streier. ISBN 3-540-11355-X.
1982, 188 Seiten mit 72 Abbildungen. 53.– DM

58 **Werkstoff- und Energiekennwerte industrieller Lackieranlagen, am Beispiel der Automobilindustrie**
Von Rainer Manfred Thiel. ISBN 3-540-11356-8.
1982, 116 Seiten mit 59 Abbildungen. 53.– DM

59 **Maßnahmen zum Verbessern der pneumatischen Lackzerstäubung – Teilchengrößenbestimmung im Spritzstrahl –**
Von Klaus Werner Thomer. ISBN 3-540-11507-2.
1982, 162 Seiten mit 94 Abbildungen und 1 Tabelle. 53.– DM

60 **Ermittlung und Bewertung von Rationalisierungsmaßnahmen im Produktionsbereich**
Von Jürgen Schilde. ISBN 3-540-11730-X.
1982, 158 Seiten mit 57 Abbildungen. 53.– DM

61 **Untersuchung von Verfahren der Reihenfolgeplanung und ihre Anwendung bei Fertigungszellen**
Von Mohamed Osman. ISBN 3-540-11747-4.
1982, 124 Seiten mit 32 Abbildungen und 3 Tabellen. 53.– DM

62 **Ein Simulationsmodell zur Planung gruppentechnologischer Fertigungszellen**
Von Volker Saak. ISBN 3-540-11747-4.
1982, 134 Seiten mit 53 Abbildungen. 53.– DM

63 **Verfahren zur technischen Investitionsplanung automatisierter Fertigungsanlagen**
Von Günter Vettin. ISBN 3-540-11747-4.
1982, 134 Seiten mit 63 Abbildungen. 53.– DM

64 **Pneumatische Sensoren zur prozeßsimultanen Messung des Werkzeugverschleißes und zur Kollisionsvermeidung beim Messerkopffräsen**
Von Wolfgang Jentner. ISBN 3-540-11747-4.
1982, 126 Seiten mit 47 Abbildungen und 6 Tabellen. 53.– DM

65 **Rechnerunterstützte Gestaltung ortsgebundener Montagearbeitsplätze, dargestellt am Beispiel kleinvolumiger Produkte**
Von Eberhard Haller. ISBN 3-540-12015-7.
1982, 130 Seiten mit 43 Abbildungen. 53.– DM

66 **Fernsehüberwachung von Schutzgasschweißvorgängen mit abschmelzender Elektrode MIG – MAG**
Von Ruprecht Niepold. ISBN 3-540-12181-7.
1983, 178 Seiten mit 73 Abbildungen und 5 Tabellen. 58.– DM

67 **Entwicklung flexibler Ordnungssysteme für die Automatisierung der Werkstückhandhabung in der Klein- und Mittelserienfertigung**
Von Karl Weiss. ISBN 3-540-12455-1.
1983, 116 Seiten mit 68 Abbildungen. 58.– DM

68 **Automatisierte Überwachungsverfahren für Fertigungseinrichtungen mit speicherprogrammierten Steuerungen**
Von Werner Eißler. ISBN 3-540-12456-X.
1983, 128 Seiten mit 66 Abbildungen. 58.– DM

69 **Prozeßüberwachung beim Galvanoformen**
Von Jürgen Wilhelm Böcker. ISBN 3-540-12457-8.
1983, 118 Seiten mit 32 Abbildungen. 58.– DM

70 **LAPEX – Ein rechnerunterstütztes Verfahren zur Betriebsmittelzuordnung**
Von Stephan Mayer. ISBN 3-540-12490-X.
1983, 162 Seiten mit 34 Abbildungen und 2 Tabellen. 58.– DM

71 **Gestaltung eines integrierten Produktionssystems für die Sortenfertigung unter Einsatz der Clusteranalyse**
Von Gerald Weber. ISBN 3-540-12650-3.
1983, 194 Seiten mit 54 Abbildungen. 58.– DM

72 **Gußputzen mit sensorgeführten, programmierbaren Handhabungsgeräten**
Von Eberhard Abele. ISBN 3-540-12651-1.
1983, 133 Seiten mit 66 Abbildungen. 58,– DM

73 **Untersuchungen zur Herstellung und zum Einsatz galvanogeformter Erodierelektroden**
Von Harald Müller. ISBN 3-540-12822-0.
1983, 148 Seiten mit 78 Abbildungen. 58,– DM

74 **Ein Beitrag zur Optimierung der Prozeßführungsstrategien automatisierter Förder- und Materialflußsysteme**
Von Hans Steffens. ISBN 3-540-12968-5.
1983. 161 Seiten mit 60 Abbildungen. 58,– DM

75 **Entwicklung eines Verfahrens zur wertmäßigen Bestimmung der Produktivität und Wirtschaftlichkeit von Personalentwicklungsmaßnahmen in Arbeitsstrukturen**
Von Christian Müller. ISBN 3-540-13041-1.
1983. 129 Seiten mit 34 Abbildungen. 58,– DM

76 **Berechnung der Gestaltänderung von Profilen infolge Strahlverschleiß**
Von Wolfgang Marx. ISBN 3-540-13054-3.
1983. 121 Seiten mit 58 Abbildungen. 58,– DM

77 **Algorithmen zur flexiblen Gestaltung der kurzfristigen Fertigungssteuerung**
Von Rudolf E. Scheiber. ISBN 3-540-13500-6.
1984, 150 Seiten mit 73 Abbildungen und 1 Tabelle. 63.– DM

78 **Galvanisieren mit moduliertem Strom**
Von Jürgen Wolfgang Mann. ISBN 3-540-13733-5.
1984, 145 Seiten und 58 Abbildungen. 63,– DM

79 **Fluoreszenzmeßverfahren zur Schmierfilmdickenmessung in Wälzlagern**
Von Wolfgang Schmutz. ISBN 3-540-13777-7.
1984, 141 Seiten und 66 Abbildungen. 63,– DM

IPA-IAO Forschung und Praxis

Berichte aus dem Fraunhofer-Institut für Produktionstechnik und Automatisierung (IPA), Stuttgart, Fraunhofer-Institut für Arbeitswirtschaft und Organisation (IAO), Stuttgart, und Institut für Industrielle Fertigung und Fabrikbetrieb der Universität Stuttgart

Herausgeber: Prof. Dr.-Ing. H. J. Warnecke und Prof. Dr.-Ing. H.-J. Bullinger

---

80 **Flexibilität und Kapazität von Werkstückspeichersystemen**
Von Bernhard Graf. ISBN 3-540-13970-2.
1984, 115 Seiten mit 71 Abbildungen. 63,– DM

T1 **Flexible Fertigungssysteme**
17. IPA-Arbeitstagung zusammen mit der 3. Internationalen Konferenz „Flexible Manufacturing Systems (FMS-3)", ISBN 3-540-13807-2.
1984, 249 Seiten mit zahlreichen Abbildungen. 118,– DM

T2 **Integrierte Bürosysteme**
3. IAO-Arbeitstagung. ISBN 3-540-13978-8.
1984, 633 Seiten mit zahlreichen Abbildungen. 168,– DM

81 **Rechnerunterstützte Planung von Montageablaufstrukturen für Erzeugnisse der Serienfertigung**
Von Ernst-Dieter Ammer. ISBN 3-540-15056-0.
1985, 120 Seiten mit 1 Faltblatt und 33 Abbildungen. 63,– DM

82 **Flexibilität von personalintensiven Montagesystemen bei Serienfertigung**
Von Heinrich Vähning. ISBN 3-540-15093-5.
1985, 152 Seiten mit 49 Abbildungen. 63,– DM

83 **Ordnen von Werkstücken mit programmierbaren Handhabungsgeräten und Werkstückerkennungssensoren**
Von Ingo Schmidt. ISBN 3-540-15375-6.
1985, 111 Seiten mit 66 Abbildungen. 63,– DM

84 **Systematische Investitionsplanung**
Von Jorge Moser. ISBN 3-540-15370-5.
1985, 190 Seiten mit 69 Abbildungen. 63,– DM

T3 **Montage · Handhabung · Industrieroboter**
Internationaler MHI-Kongreß im Rahmen der Hannover-Messe '85. ISBN 3-540-15500-7.
1985, 267 Seiten mit zahlreichen Abbildungen. 128,– DM

85 **Flexible Montagesysteme – Konzeption und Feinplanung durch Kombination von Elementen**
Von Peter Konold / Bernd Weller. ISBN 3-540-15606-2.
1985, 162 Seiten mit 71 Abbildungen und 9 Tabellen. 63,– DM

T4 **Menschen · Arbeit · Neue Technologien**
4. IAO-Arbeitstagung zusammen mit der 2. Internationalen Konferenz „Human Factors in Manufacturing". ISBN 3-540-15763-8.
1985, 442 Seiten mit zahlreichen Abbildungen. 168,– DM

86 **Leitstandunterstützte kurzfristige Fertigungssteuerung bei Einzel- und Kleinserienfertigung**
Von Lothar Aldinger. ISBN 3-540-15903-7.
1985, 151 Seiten mit 49 Abbildungen und 2 Tabellen. 63,– DM

87 **Bestimmen des Bürstenverhaltens anhand einer Einzelborste**
Von Klaus Przyklenk. ISBN 3-540-15956-8.
1985, 117 Seiten mit 74 Abbildungen. 63,– DM

88 **Montage großvolumiger Produkte mit Industrierobotern**
Von Jörg Walther. ISBN 3-540-16027-2.
1985, 125 Seiten mit 58 Abbildungen. 63,– DM

89 **Algorithmen und Verfahren zur Erstellung innerbetrieblicher Anordnungspläne**
Von Wilhelm Dangelmaier. ISBN 3-540-16144-9.
1986, 268 Seiten mit 79 Abbildungen. 68,– DM

90 **Bewertung der Instandhaltung von Fertigungssystemen in der technischen Investitionsplanung**
Von Hagen U. Uetz. ISBN 3-540-16166-X.
1986, 129 Seiten mit 38 Abbildungen. 68,– DM

91 **Entgraten durch Hochdruckwasserstrahlen**
Von Manfred Schlatter. ISBN 3-540-16172-4.
1986, 167 Seiten mit 89 Abbildungen und 18 Tabellen. 68,– DM

92 **Werkstückorientierte Verfahrensauswahl zum Gußputzen mit Industrierobotern**
Von Wolfgang Sturz. ISBN 3-540-16224-0.
1986, 156 Seiten mit 59 Abbildungen. 68,– DM

93 **Verfahren zur Verringerung von Modell-Mix-Verlusten in Fließmontagen**
Von Reinhard Koether. ISBN 3-540-16499-5.
1986, 175 Seiten mit 46 Abbildungen und 1 Tabelle. 68,– DM

94 **Entwicklung und Einsatz eines interaktiven Verfahrens zur Leistungsabstimmung von Montagesystemen**
Von Günter Schad. ISBN 3-540-16978-4.
1986, 120 Seiten mit 31 Abbildungen und 1 Tabelle. 68,– DM

95 **Qualifizierung an Industrierobotern**
Von Wolfgang Bachl. ISBN 3-540-17018-9.
1986, 218 Seiten mit 30 Abbildungen. 68,– DM

96 **Rechnersimulation des Beschichtungsprozesses beim Elektrotauchlackieren – Anwendung zum Berechnen des Umgriffs**
Von Otto Baumgärtner. ISBN 3-540-17102-9.
1986, 113 Seiten mit 42 Abbildungen. 68,– DM

97 **Ergonomische Gestaltung von Rotationsstellteilen für grob- und sensomotorische Tätigkeiten**
Von Werner F. Muntzinger. ISBN 3-540-17247-5.
1986, 135 Seiten mit 51 Abbildungen und 33 Tabellen. 68,– DM

98 **Die optische Rauheitsmessung in der Qualitätstechnik**
Von R.-J. Ahlers. ISBN 3-540-17242-4.
1986, 133 Seiten mit 56 Abbildungen und 2 Tabellen. 68,– DM

99 **Maschinelle Spracherkennung zur Verbesserung der Mensch-Maschine-Schnittstelle**
Von Gerhard Rigoll. ISBN 3-540-17350-1.
1986, 134 Seiten mit 55 Abbildungen. 68,– DM

100 **Konzeption und Auswahl modularer Magazinpaletten**
Von Thomas Zipse. ISBN 3-540-17584-9.
1987, 126 Seiten mit 54 Abbildungen. 68,– DM

101 **Anschlüsse an Kupferrohre – Herstellung und Automatisierungsmöglichkeit**
Von Eberhard Rauschnabel. ISBN 3-540-17807-4.
1987, 120 Seiten mit 88 Abbildungen. 68,– DM

102 **Mengen- und ablauforientierte Kapazitätsplanung von Montagesystemen**
Von Hans Sauer. ISBN 3-540-17815-5.
1987, 156 Seiten mit 64 Abbildungen. 68,– DM

103 **Verfahrensinstrumentarium zur Werkstückauswahl und Auslegung von Industrieroboterschweißsystemen**
Von Herbert Gzik. ISBN 3-540-17928-3.
1987, 138 Seiten mit 56 Abbildungen. 68,– DM

104 **Integration von Förder- und Handhabungseinrichtungen**
Von Joachim Schuler. ISBN 3-540-17955-0.
1987, 153 Seiten mit 61 Abbildungen. 68,– DM

105 **Produktionsmengen- und -terminplanung bei mehrstufiger Linienfertigung**
Von H. Kühnle. ISBN 3-540-18038-9.
1987, 124 Seiten mit 25 Abbildungen. 68,– DM

106 **Untersuchung des Plasmaschneidens zum Gußputzen mit Industrierobotern**
Von Jong-Oh Park. ISBN 3-540-18037-0.
1987, 142 Seiten mit 70 Abbildungen. 68,– DM

107 **Fügen von biegeschlaffen Steckkontakten mit Industrierobotern**
Von Daegab Gweon. ISBN 3-540-18134-2.
1987, 115 Seiten mit 13 Abbildungen. 68,– DM

108 **Entwicklung eines biomechanischen Modells des Hand-Arm-Systems**
Von Georgios Tsotsis. ISBN 3-540-18135-0.
1987, 163 Seiten mit 45 Abbildungen. 68,– DM

109 **Ein Beitrag zur Planungssystematik für die automatisierte flexible Blechteilefertigung**
Von Thomas Weber. ISBN 3-540-18136-9.
1987, 149 Seiten mit 56 Abbildungen. 68,– DM

110 **Entwicklung eines Meßverfahrens zur Bestimmung des Positionier- und Orientierungsverhaltens von Industrierobotern**
Von Günter Schiele. ISBN 3-540-18137-7.
1987, 116 Seiten mit 48 Abbildungen. 68,– DM

111 **Schwingungsbelastung beim Arbeiten mit handgeführten, einachsigen Motormähgeräten**
Von Peter Kern. ISBN 3-540-18193-8.
1987, 145 Seiten mit 43 Abbildungen und 5 Tabellen. 68,– DM

112 **Entwicklung eines berührungslosen Tastsystems für den Einsatz an Koordinatenmeßgeräten**
Von Hie-Sik Kim. ISBN 3-540-18578-X.
1987, 111 Seiten mit 62 Abbildungen und 4 Tabellen. 68,– DM

113 **Qualifizierung an Industrierobotern – Ziele, Inhalte und Methoden**
Von Volker Korndörfer. ISBN 3-540-18618-2.
1987, 318 Seiten mit 100 Abbildungen. 68,– DM

114 **Funktional und räumlich variables und modulares Laborgerätesystem**
Von Alfred Mack. ISBN 3-540-18786-3.
1988, 116 Seiten mit 39 Abbildungen. 73,– DM

115 **Produktrecycling im Maschinenbau**
Von Rolf Steinhilper. ISBN 3-540-18849-5.
1988, 167 Seiten mit 50 Abbildungen. 73,– DM

116 **Integration der montagegerechten Produktgestaltung in den Konstruktionsprozeß**
Von Rudolf Bäßler. ISBN 3-540-19058-9.
1988, 133 Seiten mit 49 Abbildungen. 73,– DM

117 **Ein Algorithmus zur kapazitätsorientierten Bildung von Losen**
Von Tilmann Greiner. ISBN 3-540-19300-6.
1988, 135 Seiten mit 37 Abbildungen. 73,– DM

118 **Kabelbaummontage mit Industrierobotern**
Von Gerd Schlaich. ISBN 3-540-19301-4.
1988, 131 Seiten mit 62 Abbildungen. 73,– DM

119 **Beitrag zur Verbesserung der Fertigungskostentransparenz bei Großserienfertigung mit Produktvielfalt**
Von Albrecht Köhler. ISBN 3-540-19393-6.
1988, 148 Seiten mit 72 Abbildungen. 73,– DM

120 **Entwicklungs- und Planungshilfen zum Aufbau von flexiblen Ordnungssystemen**
Von Rainer Schanz. ISBN 3-540-19394-4.
1988, 104 Seiten mit 48 Abbildungen. 73,– DM

121 **Bestücken von Leiterplatten mit Industrierobotern**
Von Ernst Wolf. ISBN 3-540-50013-8.
1988, 132 Seiten mit 63 Abbildungen. 73,– DM

122 **Verschleißvorgänge beim Querschneiden dünner Bahnen**
Von Thomas Hülsmann. ISBN 3-540-50049-9.
1988, 126 Seiten mit 47 Abbildungen und 5 Tabellen. 73,– DM

123 **Geometrieprüfung in der Fertigungsmeßtechnik mit bildverarbeitenden Systemen**
Von Claus P. Keferstein. ISBN 3-540-50050-2.
1988, 128 Seiten mit 53 Abbildungen. 73,– DM

124 **Modulares Simulationsmodell für die Abläufe in verketteten Fertigungszellen mit Industrierobotern**
Von Kum-Hoan Kuk. ISBN 3-540-50069-3.
1988, 130 Seiten mit 57 Abbildungen. 73,– DM

125 **Montage von Schläuchen mit Industrierobotern**
Von Bruno Frankenhauser. ISBN 3-540-50072-3.
1988, 139 Seiten mit 63 Abbildungen. 73,– DM

126 **Kommissioniersystem mit Roboter und Mehrstückgreifer**
Von Klaus Baumeister. ISBN 3-540-50133-9.
1988, 104 Seiten mit 53 Abbildungen. 73,– DM

127 **Sensorunterstütztes Programmierverfahren für das Entgraten mit Industrierobotern**
Von Dieter Boley. ISBN 3-540-50175-4.
1988, 128 Seiten mit 67 Abbildungen. 73,– DM

128 **Die Arbeitsraumgestaltung manueller Montagearbeitsplätze mit graphischen und wissensbasierten Methoden**
Von Klaus Lay. ISBN 3-540-50259-9.
1988, 129 Seiten mit 50 Abbildungen und 7 Tabellen. 73,– DM

129 **Automatisierung des Biegerichtens**
Von Stefan Thiel. ISBN 3-540-50432-X.
1988, 142 Seiten mit 57 Abbildungen und 5 Tabellen. 73,– DM

130 **Rechnergestützte Verfahren zur Auslegung der Mechanik von Industrierobotern**
Von Martin-Christoph Wanner. ISBN 3-540-50640-3.
1989, 202 Seiten mit 80 Abbildungen. 73,– DM

131 **Entwicklung eines bestandsorientierten Fertigungssteuerungssystems für die Großserienfertigung am Beispiel des Automobilbaus**
Von G. Hachtel. ISBN 3-540-50639-X.
1989, 163 Seiten mit 34 Abbildungen und 6 Tabellen. 73,– DM

132 **Ergonomische Gestaltung der Benutzerschnittstelle am Antriebssystem des Greifreifenrollstuhls**
Von Ludwig Traut. ISBN 3-540-50877-5.
1989, 210 Seiten mit 127 Abbildungen. 73,– DM

133 **Planung taktzeitoptimierter flexibler Montagestationen**
Von Joachim Schöninger. ISBN 3-540-50896-1.
1989, 122 Seiten mit 47 Abbildungen. 73,– DM

134 **Ein Modell für ein integriertes Qualitäts- und Prüfplanungssystem in der Montage**
Von Josef R. Kring. ISBN 3-540-51195-4.
1989, 140 Seiten mit 60 Abbildungen. 73,– DM

135 **Fertigungsstrukturierung auf der Basis von Teilefamilien**
Von Manfred Auch. ISBN 3-540-51290-X.
1989, 138 Seiten mit 34 Abbildungen. 73,– DM

136 **Kollisionsbehandlung als Grundbaustein eines modularen Industrieroboter-Off-line-Programmiersystems**
Von Andreas Altenhein. ISBN 3-540-51418-X.
1989, 129 Seiten mit 53 Abbildungen. 73,– DM

137 **Ein Beitrag zur Planung und Bewertung Neuer Arbeitsstrukturen in NE-Metallgießereien Dargestellt am Beispiel der Fertigungsinsel**
Von Horst Nespeta. ISBN 3-540-51419-8.
1989, 157 Seiten mit 58 Abbildungen. 73,– DM

138 **Verfahren zur Prüfung der Partikelkontamination in Versorgungssystemen für hochreine Flüssigkeiten**
Von Rolf Herz. ISBN 3-540-51457-0.
1989, 123 Seiten mit 61 Abbildungen. 73,– DM

139 **Messung gekrümmter Flächen mit berührungslosen Verfahren**
Von Leo Schreiber. ISBN 3-540-51493-7.
1989, 119 Seiten mit 72 Abbildungen. 73,– DM

140 **Automatisiertes Lackieren mit steuerbaren Spritzpistolen**
Von Konrad A. Ortlieb. ISBN 3-540-51518-6.
1989, 121 Seiten mit 45 Abbildungen. 73,– DM

141 **Grundlagen zur Entwicklung reinraumtauglicher Handhabungssysteme**
Von Jürgen Geißinger. ISBN 3-540-51959-9.
1989, 124 Seiten mit 82 Abbildungen. 73,– DM

142 **CAD-Video-Somatographie**
Entwicklung und Bewertung einer Methode zur anthropometrischen Arbeitsgestaltung
Von Dieter Lorenz. ISBN 3-540-52163-1.
1989, 169 Seiten mit 61 Abbildungen. 73,– DM

143 **Eine Systemarchitektur für die Gestaltung und das Management verteilter Informationssysteme**
Von Andreas J. Ness. ISBN 3-540-52224-7.
1990, 203 Seiten mit 62 Abbildungen. 78,– DM

144 **Untersuchungen über den optisch-physiologischen Eindruck der Oberflächenstruktur von Lackfilmen**
Von Horst Schene. ISBN 3-540-52226-3.
1990, 149 Seiten mit 106 Abbildungen. 78,– DM

145 **Planungsmethodik für ein Qualitätskostensystem**
Von Alfred Rauba. ISBN 3-540-52477-0.
1990, 166 Seiten mit 73 Abbildungen. 78,– DM

146 **Kleinserienbestückung von Leiterplatten mit bedrahteten Bauelementen durch Industrieroboter**
Von Martin Domm. ISBN 3-540-52867-9.
1990, 106 Seiten mit 48 Abbildungen. 78,– DM

147 **Sensor- und Steuerungssystem für die leitlinienlose Führung automatischer Flurförderzeuge**
Von Gerhard Drunk. ISBN 3-540-53033-9.
1990, 135 Seiten mit 52 Abbildungen. 78,– DM

148 **Ein System zur wissensbasierten Diagnose an CNC-Werkzeugmaschinen durch den Maschinenbediener**
Von Klaus-Peter Fähnrich. ISBN 3-540-53034-7.
1990, 132 Seiten mit 48 Abbildungen und 18 Tabellen. 78,– DM

149 **Werkstückbegleitender Informationsspeicher als Basis für ein informationstechnisches Konzept für Halbleiterfertigungen**
Von Klaus-Dieter Sauter. ISBN 3-540-53236-6.
1990, 115 Seiten mit 55 Abbildungen. 78,– DM

150 **Ein Planungsverfahren zur Erkennung und Bewältigung von Material- und Kapazitätsengpässen bei mehrstufiger Linienfertigung**
Von Ralf-Michael Fuchs. ISBN 3-540-53271-4.
1990, 176 Seiten mit 65 Abbildungen. 78,– DM

151 **Montage von Schrauben mit Industrierobotern**
Von Gernot E. Fischer. ISBN 3-540-53519-5.
1990, 97 Seiten mit 37 Abbildungen. 78,– DM

152 **Flächenorientierte Termin- und Kapazitätsplanung bei innerbetrieblicher Baustellenfertigung**
Von Rolf Schlauch. ISBN 3-540-53584-5.
1990, 130 Seiten mit 53 Abbildungen. 78,– DM

153 **Wissensbasierte Entscheidungsunterstützung bei der Auswahl von Industrierobotern**
Von Günter Jordan. ISBN 3-540-53744-9.
1991, 116 Seiten mit 49 Abbildungen. 78,– DM

154 **Simulationssystem für Fertigungsprozesse mit Stückgutcharakter**
Ein gegenstandsorientiertes System mit parametrisierter Netzwerkmodellierung
Von Bernd-Dietmar Becker. ISBN 3-540-53847-X.
1991, 162 Seiten mit 48 Abbildungen und 47 Tabellen. 78,– DM

155 **Algorithmen der Sprachverarbeitung zur Entwicklung eines vollsynthetischen Sprachausgabesystems**
Von Gerhard Rigoll. ISBN 3-540-53870-4.
1991, 321 Seiten mit 235 Abbildungen. 78,– DM

156 **Wissensbasierte CAD-Systemkomponente zum Entwurf montagegerechter Produkte**
Von Ralph Richter. ISBN 3-540-54725-8.
1991, 137 Seiten mit 56 Abbildungen. 78,– DM

157 **Heftschweißverfahren für das Lagefixieren von Werkstücken beim Schutzgasschweißen mit Industrierobotern**
Von Carsten Martin Claussen. ISBN 3-540-54951-X.
1991, 140 Seiten mit 43 Abbildungen. 78,– DM

158 **Ein Beitrag zur Meßdatenverarbeitung in der Koordinatenmeßtechnik**
Von Thomas Garbrecht. ISBN 3-540-55030-5.
1991, 135 Seiten mit 94 Abbildungen und 5 Tabellen. 78,– DM

159 **Ein Beitrag zur Planung und Optimierung der Verfahrensteilung in der Fertigung**
Von Hans-Peter Roth. ISBN 3-540-55113-1.
1992, 130 Seiten mit 50 Abbildungen. 78,– DM

160 **Flexible Montage von Leitungssätzen mit Industrierobotern**
Von Herbert H. Emmerich ISBN 3-540-55227-8.
1992, 135 Seiten mit 70 Abbildungen. 88,– DM

161 **Toleranzausgleichssysteme für Industrieroboter am Beispiel des feinwerktechnischen Bolzen-Loch-Problems**
Von Uwe Schweigert ISBN 3-540-55228-6.
1992, 119 Seiten mit 61 Abbildungen. 88,– DM

162 **Entwicklung eines interaktiven Simulators auf der Basis von Petri-Netzen zur Modellierung und Bewertung hybrider Montagestrukturen**
Von W. Schweizer ISBN 3-540-55229-4.
1992, 159 Seiten mit 76 Abbildungen. 88,– DM

Die Bände sind im Erscheinungsjahr und in den folgenden drei Kalenderjahren zu beziehen durch den örtlichen Buchhandel oder durch Lange & Springer, Otto-Suhr-Allee 26-28, 1000 Berlin 10.